U0188341

中国川作家具

吕九芳　王加祎 著

ZHONGGUO
CHUANZUO
JIAJU

上海科学技术出版社

图书在版编目（CIP）数据

中国川作家具 / 吕九芳，王加祎著．

—上海：上海科学技术出版社，2017.10

ISBN 978-7-5478-1662-2

Ⅰ.①中… Ⅱ.①吕… ②王… Ⅲ.①家具 –

介绍 – 四川省 Ⅳ.① TS666.202

中国版本图书馆 CIP 数据核字（2016）第 081180 号

中国川作家具

吕九芳　王加祎　著

上海世纪出版（集团）有限公司

上 海 科 学 技 术 出 版 社　出版、发行

（上海钦州南路 71 号　邮政编码 200235　www.sstp.cn）

上海中华商务联合印刷有限公司印刷

开本 889×1194　1/16　印张 14.75　插页 4

字数 300 千字

2017 年 10 月第 1 版　2017 年 10 月第 1 次印刷

ISBN 978-7-5478-1662-2/TS · 183

定价：180.00 元

本书如有缺页、错装或坏损等严重质量问题，

请向承印厂联系调换

前言

所谓的民间家具是相对宫廷家具而言的，由于民间家具多为平民百姓所制作和拥有，因而更加贴近生活，反映地域的风土人情。它立足于地方传统，集当地的民俗传统与神话传说为一身，是当地文化的缩影，因而更具地域文化特色。由于民间家具造型不拘泥，少规矩，重使用，善发挥，迎合了大众的审美观，充分反映了大众化的审美情趣，更能体现当地的大众文化。这类家具一般依据地域的自然优势，就地取材，由当地木匠进行制作，供社会中下层使用，淳朴大方，更符合天人合一、可持续发展的社会要求，因而在文化内涵上绝不逊色于宫廷家具，充满了地方特色和乡土气息。

四川位于中国西南腹地，地处长江上游，幅员辽阔，地区差异大，人口众多，除汉族之外，还有彝、藏、羌、苗、土家族等民族，民俗现象纷繁多彩。川作家具作为中国民间家具的一个分支，具有鲜明的四川地域特色，是不同时代四川传统文化延续的重要载体。它整合了四川精湛的建筑技术、浓厚的宗教传统、精雅的文人品位、发达的商人文化等因素。川作家具除了日常使用的白木家具、生活及生产用品外，还有寺庙中使用的供台、佛龛、藏经柜、排椅等宗教家具，以及戏院家具等。

川作家具经过生活的涤荡，注重实用的同时仍然讲究造型及装饰。有的采用透雕、浮雕、悬雕、线刻等方法，动静结合，栩栩如生；有的采用镶嵌和烫金、描金、画金等工艺，呈现丰富绚丽、金碧辉煌的气韵；有的采用天然矿物和植物颜料作五彩绘画；而有的干脆运用自然木质和形态制作家具，拙朴而有地方特色。通过家具上的图案、雕刻和结构等静态符号以及家具的制作、使用、流通等动态行为与生活方式的沟通，呈现了四川民间独特的社会文化，这也是川作家具虽历经千年而魅力依旧的根本原因。

本书采用了查阅民间文物家具资料，走访民间家具收藏的博物馆与个人，深入古旧家具市场、仿古家具生产与古旧家具修复的企业等方法，从古旧家具的造型、材料、结构、工艺、制作工具等方面着手，进行全面调研，收集第一手资料并加以分析与整理，建立相应的信息库，为分析和研究其历史文化价值作铺垫。作者选择了代表性的地区，如成都附近的郊县古镇四川坝子、洛带、街子、安仁、上里、黄龙溪、大邑悦来等，了解城市、县、镇的地域风貌、生态环境、文化生活习俗，调研建筑、家具的使用情况。

　　本书从川作家具的形成背景、家具品种、家具结构和装饰纹样、用材及工艺特征等方面进行介绍。具体的章节安排为：第一章介绍川作家具形成的背景；第二章介绍川作家具品种；第三章介绍川作家具的结构件分析；第四章介绍川作家具的装饰图案；第五章介绍川作家具的常见用材；第六章介绍川作家具的工艺特征。

　　本书以大量的四川地区存世的民间古旧家具图片和实地调研资料为依据，运用统计和实例分析的方法，结合四川民间地域文化，就造型、结构、装饰、用材等多方面，对川作家具展开科学严谨的分析和研究，以图文并茂的形式呈现给读者，让读者对川作家具有一个较为全面和多维度的认知和了解，为国内生产古典家具的企业家、家具及室内设计师、家具收藏家及收藏爱好者提供参考和借鉴。期望川作家具精炼的装饰元素能更多地应用于现代家具设计之中，继承和创新四川家具文化。

吕九芳

2017 年春于南京林业大学

目录

肆 川作家具的装饰图案 *175*

伍 川作家具的常见用材 *205*

一、川作家具形成的自然环境

川作家具作为中国家具密不可分的一部分，在不同时期也在不断地变化发展。虽然不像广作、京作、苏作家具为大家所熟知和发展成熟，但川作家具在保持自身传统特点的同时，不断吸收其他地区的家具特色。在桌椅、箱柜、床具、屏风等家具品种上，显示出不同的家具文化，其材料、结构、工艺、装饰等方面都具有显著特点。因四川特殊的地域文化和历史条件，使川作家具形成某种地域特色。

四川位于中国西南隅，四面险阻却自然条件良好，物产丰富，故被称为天府之国。历史上它远离中国政治、经济、文化中心，与时尚文化和审美新潮保持很大的距离。其家具的发展呈现滞后的特点和地域性限制，因而与主流形式相较有一定的差异。川作家具在其独特的地域地貌、气候条件和自然资源等氛围中，为当地居民提供了丰富而独特的审美文化、生活形制和思维方式。

1. 四川的地理位置

四川省简称"川"或"蜀"。土壤肥沃，气候温和，非常适宜农作物的生长，加上秦朝时期修建了著名的大型水利工程"都江堰"，从此水旱从人，时无荒年，成为中国的一大农作物生产区域。优越的地理条件和经济条件，使四川成为中国经济开发最早的地区之一。

在中国传统社会里，川作家具主要集中在广大农村，以家庭副业型手工业为主要生产方式，生产者大多靠农业作物为制作原料，与农村种植业密切相关，大多以当地手艺人通过就地取材、直接针对使用者制作，供社会中下层使用。充满地方特色和乡土气息，基本上不存在商业化生产，集中于小批量或者单件，手工和半机械加工制作，未形成产业标准化和系统化，这也是川作家具丰富多样的原因。

四川地处中国西部，是西南、西北和中部地区的重要结合部，是承接华南、华中，连接西南、西北、沟通中亚、南亚、东南亚的重要交汇点和交通走廊。在这种情况下，川作家具除了吸收了本土巴蜀文化之外，极具包容性地吸收了其他地区文化，如西部的少数民族文化、东部的中原文化，以及通过贸易交流的东南亚文化，显示出自身的多元文化特点。

四川地貌东西差异大，地形复杂多样，位于我国大陆地势三大阶梯中的第一级和第二级，即处于第一级青藏高原和第二级长江中下游平原的过渡带，西高东低的特点特别明显。西部为高原、山地、海拔多在4 000米以上；东部为盆地、丘陵，海拔多在1 000~3 000米。全省大致可分为四川盆地和川西高原两大部分。从纯粹的地理角度看，区域呈现非整合的统一区域，整个由多个地理单元组成，单元之间也存在着比较大的差异性，川作家具通常与这种类型相适应。除西部极少数的高寒永冻带以外，绝大多数地区都比较温暖潮湿，气候宜人，物产丰富。在盆地内的丘陵、坪坝，以及盆地南部、西南部边缘地带树种多样，尤其竹林密布。《华阳国志·蜀志》记载，"岷山多梓、柏、大竹"。从记载中也可看到，当地木材资源的丰富性为家具制作提供了充分的原材料。

2. 四川的气候特征

四川气候总的特点是：区域表现差异显著，东部冬暖、春旱、夏热、秋雨、多云雾、少日照、生长季长。西部则寒冷、冬长、基本无夏、日照充足、降水集中、干雨季分明；气候垂直变化大，气候类型多，有利于农、林、牧综合发展；气象灾害种类多，发生频率高，范围大，主要是干旱，暴雨、洪涝和低温等也经常发生。四川整体处于旱地农业文化区和水田稻作农业区之间，这种黏接性的文化区位关系造成了四川地区的社会文化具有高度的异质性和不稳定性，从而使得这一区域具有极为复杂和丰富的社会文化构成形态。这种地域化的气候差异，使家具在制作过程中受到了一定程度的限制，使用上很容易变形松动。而川作家具由于以小区域流通的方式，以及工匠制作大多将设计与制作融为一体，大多使用者家庭也是家具制作的掌握着，家具在调节上并不存在太大问题。一方面，受到气候条件的影响，家具生产粗糙，大多未上油漆，不便于生产的标准化和系列化以及产品的远途运输；另一方面，家具加工简单，受季节和天气变化很容易导致家具结构不稳定，受力状态和结合强度变差。

3. 四川的自然资源

自古以来四川就享有"天府之国"的美誉。《史记·货殖列传》称："巴蜀亦沃野"；《汉书·地理志》也称"土地肥美，有江水沃野，山林竹木，蔬食果实之饶"，可见在汉代，四川即以资源富庶闻名天下。

四川地处亚热带，加以地貌和气候多样，故植被繁茂，林木资源丰富。常见的树种有楠木、柏木、杉木、松木、桉树、榕树、桦树、青冈等，这些林木资源为当地居民提供了大量的家具材料，为川作家具的诞生和发展提供了良好的物质基础。

在川作家具中大量使用了楠木，并非常推崇楠木，这来源于明、清朝廷对巴渝地区楠木的开采（上贡）。明、清两朝先后有5位皇帝8次对巴渝地区的楠木进行开采，用楠木重修故宫和扩建故宫。开采的时间为：明永乐四年至六年（1406~1408年）；嘉靖二十年（1541年）、嘉靖二十九年（1550年）；万历二十四年（1596年）、万历四十一年（1613年）；清康熙六年（1667年）；雍正四年（1726年）；乾隆七年（1742年）。朝廷的多次开采，给本地人民留下了深刻的印象。

明清时代的四川家具制作行业中，产量最大、用户最广的是柴木（白木）家具。其次是竹家具。由于四川竹资源丰富，竹既是生活用品和各种工具制作的材料，也是极好的家具用材。这些家具虽然不是珍贵的材料，但是舒适、高雅、经济，反映出了民间对家具的要求和喜好。此外，各种石材广泛分布于四川的丘陵山地，主要有砂岩、花岗岩、大理石、石灰石等，其中大理石是川作家具常用的镶嵌材料，在大多出土的墓室中有陪葬石器家具石床、石交椅和石桌，表现出当地居民对石材家具的重视和喜爱。

二、川作家具形成的社会背景

我们常说"艺术来源于生活"，顺时而生，被看作是这个时代的产物。我们现今无法回到过去，无法将自我置身于古人的生活中，但是我们可以通过对当时社会环境的记载来探究这些。

社会创造了家具，家具诞生于社会。任何一个时代的家具都必然受着当时社会的制约与影响。我们可以通过对当时社会状况的把握、追寻，来探究当时家具形成的背景。

1. 商品经济贸易

在工商业领域中，得益于四川不断的自我创新以及从其他地区的技术引入，历史上的四川工业技术与经济水平曾经较为发达。在几千年的历史发展进程中，四川逐渐形成了种类齐全的工业门类，包括采矿业、纺织业、金属制造业、造船业、陶瓷业、漆器业、造纸业、印刷业、其他手工业（如酿酒、制茶）等等。其中，特色突出且与城镇发展关系较为密切的是井盐资源的开发。

四川地区的地表下含有丰富的卤水，巴蜀井盐的开采始于战国时期。《中国井盐科技史》导论指出："秦灭蜀后，大量移民入蜀，带来了中原文化和先进的技术和人才，其中包括了中原凿水井的技术。加上当时四川人口增加，要求更多的食盐"。清朝时，四川所产盐占到了全国盐产量的十分之一。盐在以农业经济为主的封建社会占有很重的地位，关于盐的一切活动，都被统治阶级所控制，经营盐业是暴利的。盐业的发展带动了地区经济的昌盛，产生一大批因盐业而繁荣的城市，如自贡、阆中等。在漫长的岁月中，聪慧勤劳、自强不息的盐都人"煮卤为盐"，创造了内涵深邃、灿烂辉煌的掘井、

图1-1 井盐-汲卤运卤

图1-2 井盐-井火煮盐

采卤、制盐科学技术和井盐文化，工商业生产发展历史贯穿盐都历史全过程，直接带动和影响了四川地区经济和社会各方面的发展。

商业经济的发展使得四川地区有了大量可供交易的商品，这又推动了四川地区在整个历史时期中的商业贸易发展。秦汉时期，四川人口大增，城市市场兴起，交通空前便利，促使城市商业迅速发展起来。与同期关中、中原等地比，此时的四川商业"具有明显的区域系统性，与周围民族联系紧密，长距离跨国贸易发达"。川作家具在这样的经济体制下，不断打开小型的贸易市场，但规模还是不成系统，继续以家庭式作坊为主。唐宋时期，巴蜀的商业更加繁荣，表现为两个方面：其一是来往四川的外地经商者日多，其二是以"草市"兴起为标志的城乡市场兴旺繁荣。至明清时期，四川商业形成了一个新的阶段，巴蜀地区发展成为首屈一指的商业都会，这使得川作家具产业也渐成规模；以"草市"为基础的农村场镇数量日渐增多，农村集市网络逐渐发育完善，形成了依托于大城市的农村商贸体系。整体的规模虽然不及江南地区，但也相差不大。

"草市"为川作家具的商贸提供了便利的场所，尽管农村家庭手工业生产的主要目的不是市场，但是小商品经济的发展使得一些家庭手工业者还是转向了为市场而生产的行列，其生产也以营利为主要目的。家具生产可分为工匠（手艺人）和个体作坊两种，前者以工匠及其家庭成员为劳动力，承接一些规模较小的业务；后者具有一定的生产规模与分工，除主人外往往还雇佣一些工人从事生产。川作家具生产作坊多聚集在城镇，并且同行手艺人往往都聚集在一条街上，这些作坊多为前店后厂，即作坊和店铺连在一起，既是生产场所又是销售地点。类似"草市"等商品贸易促成了一定的经济条件的发展，也成为川作家具加速发展的源头。

2. 交通运输体系

四川地处内陆，周围都是崇山峻岭，无水路，交通闭塞，古称"四塞之国"，李白曾经叹道"蜀道之难，难于上青天"。对于川作家具而言，交通闭塞导致与外界沟通和交流的不顺畅，当地家具的制作与使用基本只满足川内。同时，也正是由于有天然屏障的保护，在冷兵器时代，四川具有易守难攻的特殊战略地位，避免了历史上很多次战争的破坏，得到了一个相对安定的社会环境。中原衣冠士族和大批百姓入蜀定居，为四川输送了大量中原文化、科技和人才，这就更有利于蜀地社会经济的发展。因此，当北方经济因战争破坏而停滞甚至倒退时，四川经济却仍有所发展。川作家具也得以持续发展，逐渐形成自身鲜明的风格，自成一派。

交通闭塞也导致与外界的联系受到制约，远离封建统治阶级的政治中心，受封建制度和礼制的约束较其他地区要轻。正所谓"山高皇帝远"，使得川人生性诙谐、幽默调侃而不拘成礼。

在相对闭塞的空间环境中，境内人工开辟的陆上路径——驿道承担着区内外主要的陆域交通运输任务。驿道成为与外界保持经济、文化联系的主要渠道。驿道多修建于秦汉至隋唐时期，主要分布于四川盆地的北部和西南部，沟通了四川与北方中原地区和西南边疆地区的联系。驿道是著名的南方丝绸之路和茶马古道的重要组成部分，构建了通往中心城市的交通网络。在水运交通方面，长江干流及其支流是四川地区主要的水系，也是古代四川的水上运输通道。宋代以前，由于中国政治中心在北方，加上巴蜀境内的长江主航道艰险，交通运输一直以陆运为主，水上运输一般只局限于长江支流；自宋代以后，由于中国的经济中心逐渐东移以及长江主航道通航条件的改善，长江主航道水运开始繁忙起来，并逐渐取代陆上驿道，成为巴蜀最重要的对外联系通道。至明清时期，长江航运已集中了区内70%以上的交通运量。至同时期，水路和路上交通构建出相对完善的交通运输体系。这也为工商业包括川作家具在运输上提供了交流的便利条件，通过交通运输的拉动，家具材料的采购和产品的输出都成为可能，依托储蓄丰富的地区自然资源优势和外来引进的家具技术，家具的制作技术不断提高并形成一定的创新体系。家具工匠出川方便了许多，让本具独特的爽朗性格的川人接触了其他地域文化，不仅在家具风格上形成了独特的多重包容性特征，也让这样的工匠情结融入了家具制作的过程中。

3. 多民族聚集方式

四川自古就是多民族迁徙、交流、融合和汇集之地。明末清初移民大潮出现后，四川成为一个多民族聚居的大省，其中世居的14个少数民族是：彝族、藏族、羌族、苗族、回族、蒙古族、土家族、傈僳族、满族、纳西族、布依族、白族、壮族、傣族。多民族文化颇富特征，是川作家具文化的重要组成部分。

"四川农居比较分散，喜独居，最多也只是两三家聚居。"分散居住是四川突出的风俗习惯。虽然有大规模的迁移，"人大分家，分散居住"的民俗习惯在整个四川盆地一直长盛不衰，为家具制作带来了主动性、灵活性、生产生活的方便因素，无疑也是川作家具顽强生命力的本质所在。由于这样的分散居住布局状态，为家具空间规模形制和大规模制作发展带来了一定不利因素，这不仅体现在家具用材的单一化，也造成川作家具风格不能形成稳定的系统。

"大杂居，小聚居"的方式使得川作家具也形成了多个区域性文化交流带，但通过难以割裂的民族关系，通过各区域的政治、经济、文化方面的相互依存，形成了多个地区民间家具的物质文明。各少数民族间长期的频繁往来不仅丰富了当地文化，也给川作家具带来了独特而丰富的民族元素。此外，民族迁徙将四川与周边地区联系起来，由于居住环境都需要依托家具，使得川作家具形成了既封闭又开放的二元系统。然而众多数量、规模的民族聚居，使川作家具融入统一的家具发展进程相对缓慢。

4. 七次大规模移民

四川历史上共经历了七次大移民。第一次是在秦灭蜀、巴之后，秦移民万家入蜀，约四五万人；第二次是从西晋末年开始，全国性的北方人口南迁，邻近四川的陕西、甘肃移民大量从秦岭进入四川；第三次在北宋初年，发生了全国性的北民南迁，在这个时候，陕、甘移民入川；第四次是元末明初，以湖北省为主的南方移民入蜀；第五次是清代前期十余个省的移民入川，以湖北、湖南（当时行政区叫"湖广省"，还辖广西一部分）移民最多，人口达100多万。现今民间传说的"湖广填四川"，即指这次前后长达100多年的大移民。第六次是抗日战争前期到全国解放，有不少人逃难，及"南下干部"定居四川；第七次是20世纪末到21世纪初的三峡大移民，有许多外省人落户四川。

四川历史上的这七次大移民，不仅增加了当地人口的数量，改变了当地人口的结构，也带来了先进的生产工具和生产技术。这种人口及文化的融合促进了巴蜀地区经济文化的整体发展，使四川地区的传统文化与其他区域文化相比有较大的共性而又富有特色。同时，大规模的移民活动体现出民众的强悍、劲勇、淳朴的人文品格。这种品格的显露不仅展现四川人的顽强、开放与包容的精神禀赋，也深深影响着川作家具的风格形成，让川作家具具有汇纳百川、综合百家的显著特点。

由于深受社会经济的动荡以及移民政策等若干方面的重大影响，川作家具日益发生流变。一些传统的文化因素消失，一些移民文化与原生文化融合和碰撞后，形成新的文化因素，并最终成为近世川作家具文化的因素。这种思想和文化的变革不仅对川作家具风格有着直接影响，还可称其为家具制作深层的思想原因。大量的移民进入四川，为四川家具行业输送了大批不同地区的匠人。也正是这些匠人，使家具形制与川外接轨，带来新的文化元素，与巴蜀文化相碰撞、交流和融合，使其在兼收并蓄的过程中，创造出新的家具风格特色，极大地丰富了川作家具品种，给四川地区带来了生机，推动了川作家具工艺制作水平的不断提高，但也显示了强烈的自我保护意识使家具风格形成川内区域性的特点。

三、川作家具形成的人文环境

四川素称"天府之国"，既有山川俊美的自然风貌——地势多样，青峰竞艳，丹壑争流，又有秀冠华夏的历史人文——巴蜀文化源远流长，名人文豪竞相辈出。在这里，自然、人文与社会风俗多种景观相生相依，情景交融，造就了得天独厚、品位极高的天府之国。

家具与社会的政治制度、经济发展、文化艺术，以及人们的宗教信仰、生活习惯、民俗民风、科技工艺等方面，都有密切的联系，浸透着历史痕迹。社会环境包括很多方面，胡文彦先生在《中国家具文化》一书中，已经从家具与礼、家具与佛教、家具与民俗、家具与文人、家具与绘画、家具与诗词、家具与百工、家具与乐舞、家具与建筑、家具与社会等十个专题，探究家具与这些领域的关系，家具在这些领域里的作用和地位，家具在这些领域的影响下所形成的特质，家具从中吸收的文化含量，也可以说是家具被社会各个领域所赋予的文化内涵。然而，家具的社会文化语境是在历史发展过程中，由多种社会因子通过复杂的交互作用所构成的复杂的家具文化环境。其中，影响传统民间家具的文化因子包括古蜀文明、传统礼制、宗教文化、当地民居、民间风俗、民间艺术等多个要素。

1. 古蜀文明

四川文化区划分为四个区域：巴文化区、蜀文化区、攀西文化区、川西高原。四个文化区各具文化特色。4 000多年前，巴、蜀文化就已逐步形成且具有相当的规模，是中华文化的重要组成部分。漫漫历史长河中，更是孕育出不少青史留名的诗人与名人。

巴蜀文化作为华夏文化的重要分支，有着悠久的历史和鲜明的地域特征，它与齐鲁文化、三晋文化、荆楚文化等地域文化共同构成了辉煌灿烂的中国古代文明。巴蜀文化底蕴深厚、悠久绵长，孕育了三星堆青铜文明，历经了金沙文化玉器时代。从广汉三星堆到成都金沙遗址的发掘都表明：在秦文明入主成都平原之前，这里就拥有着高度发达的、不同于黄河流域诸文明的物质和精神文化，在世界文明史上也具有崇高地位。

在商代，三星堆已发展成为高度发达的青铜文明中心，即早期蜀国，这是三星堆文明的鼎盛时期，也是2 000多年的古蜀国历史进程中最辉煌的时期，代表了长江流域商代文明的最高成就。这一最高成就可以从很多方面体现出来，如规模超过周围城邑、具有政治中心性质的古城，高度发达的青铜冶铸技术和黄金冶炼加工技术，规模可观的玉石器加工作坊和高超的玉石器加工技术，较为完善的宗教礼仪祭祀制度，自然水系与人工水系互相结合进行合理利用与治理技术等。

图1-3 商周木雕彩绘神人头像

木雕彩绘神人头像由一块整木制成，通体向前弯曲，犹如象牙的牙尖部分。通高79厘米，宽19.9厘米。神人头像分为上下两节，分别涂有暗黄色、红色（朱砂）、黄色、黑色四种颜色，以暗黄色和朱砂为主。神人头像表情狰狞，给人以威严、肃穆之感。木雕彩绘神人头像在国内同时期还是首次发现，因为像这种彩绘的木质物品是极难保存下来的，这件文物弥足珍贵。

图1-4 商周太阳神鸟金饰

2001年2月25日出土于成都金沙遗址。整器呈圆形，器身极薄。外径12.5厘米，内径5.29厘米，厚0.02厘米。图案采用镂空方式表现，分内外两层，内层为一圆圈，周围等距分布有十二条旋转的齿状光芒；外层图案围绕在内层图案周围，由四只相同的逆时针飞行的鸟组成。鸟头、爪较大，颈、腿长且粗，身体较小，翅膀短小，啄微下钩，短尾下垂，爪有三趾。四只鸟首足前后相接，朝同一方向飞行，与内层漩涡旋转方向相反。整个图案似一幅现代剪纸作品，线条简练流畅，极富韵律，充满强烈的动感。此器构图凝练，是古蜀人丰富的哲学思想、宗教思想，非凡的艺术创造力与想象力和精湛工艺水平的完美结合，也是古蜀国黄金工艺辉煌成就的代表。2005年8月16日，"太阳神鸟"金饰图案被国家文物局公布为中国文化遗产标志。

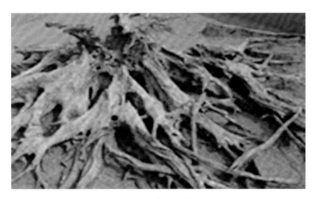

图1-5 金沙遗址大树根遗迹

该遗迹原为一棵3000年前巨大的榕树树根，发现于摸底河边，树根涉及范围达100余平方米，直接反映出金沙时代当地树木参天、植被繁茂的环境状况。

图1-6 乌木林

位于金沙遗址博物馆东南角，由金沙遗址以及成都地区出土的近百根巨型乌木组成，是中国独一无二的特色景观。

2. 传统礼制

约4000~5000年前，四川地区进入上古传说时期，这一时期大约同中原的夏、商、周时期相当。此时的古史传说内容主要是关于上古四川先王世系和活动的，较著名的有大禹导江、杜宇化鹃等。尽管没有史料记载，但三星堆、金沙、十二桥等遗址的考古发掘和口头传说证明，最迟到商代，成都平原已经进入奴隶社会。开明王朝定都于广都（今双流），大约在公元前4世纪，开明九世开始仿效华夏礼乐制度。秦攻占蜀国后，设蜀、汉中两郡，四川地区逐步实行秦国的制度，开始进入封建社会。

四川地区偏居一隅，地处盆地，四周环山，和外界的交通不便，又远离封建社会的统治中心南京和北京，受封建制度和礼制的约束较其他地区为轻，这在四川民居和川作家具上都有一定的体现。在家具上，有较为具象的龙纹装饰出现（图1-7）。我们都知道龙是权力与尊贵的象征，古时天子为龙，象征至高无上的地位与权力。这种具象的龙纹在当时只有皇家可以使用，平常百姓是用不得的。在住宅建筑上，如画家石鲁的叔叔冯子舟在清朝，于仁寿文宫镇建造的房子，就敢亵渎所谓神圣的中轴线，将小姐的绣楼建造其上，公然违反那种将祭祀用的

图1-7 具象的龙纹

香火建造在中轴线上的传统做法。著名的建筑史专家刘致平先生在抗日战争时期对四川民居的实地调研后也认为，四川民居普遍存在不循祖制、离经叛道的现象。如成都的陈府，"制度雕镂全是僭纵逾制……陈宅的一切设置全是逾制……正厅不作过道、正房间数太多、前门共作三道出入，雕饰特别繁富……这些布置说明宅主人是个很不守清代法制的人"。刘先生最后对四川民居有个结论"僭纵逾制"，来阐述四川建筑文化的区域特色。

3. 宗教文化

源远流长的宗教文化，对一个地方的民俗民风、民众普遍的性格心理、社会文化的基本特色等，往往会起到不可忽视的作用。伟大的宗教时代也可以看作是伟大的工艺时代，民间艺术的繁荣也有着宗教信仰的背景。一个重信仰的时代，民间艺术也必然会蓬勃发展。四川现有佛教、道教、伊斯兰教、天主教、基督教五种宗教，在彝、土家、羌、纳西等民族中还保存着一些原始宗教信仰。汉族地区佛教、道教分布较广。

（1）道教的发祥地

道教是中国的本土宗教，在历史的长河中，道教曾对中国古代的哲学、思想、文学、艺术、宗

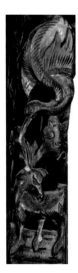

图1-8 "鹤鹿同春"纹

教、文化、风俗乃至科学技术方面，都产生过相当大的影响。至今人们常说的许多口头语，如"一人得道，鸡犬升天""八仙过海，各显神通"等，都典出于道教。

作为道教发祥地，四川的道教名山宫观在全国颇负盛名。创始于西晋的青城山道教丛林，被列为道教"十大洞天"之一，其道教宫观中外闻名；峨眉山既为中国佛教的"四大名山"，其道教宫观也影响深远，具有全国公认的与北京白云观、沈阳太清宫齐名的全真派道教宫观，在国内外都有深远的影响。历史上，四川也出现了很多道教名人和学者，如汉严君平、晋葛洪、唐杜光庭、宋陈抟、明张三丰等，以及精通天文地理、阴阳术数的袁天罡、李淳风，炼丹家彭晓，女道姑谢自然、薛涛等。

千百年来，道教文化潜移默化地影响着四川当地人们的思想和言行，可以说道教信仰直接促进了八仙、"暗八仙"、葫芦纹，以及鹤纹等道教图案在当地民间家具上的广泛运用。同时，道家的生活态度和价值观念使追求长生成为普遍的人生目标，于是在四川传统民间家具中又有"五福捧寿""福寿双全""福寿万代""鹤鹿同春""松鹤长春"等大量寓意长寿的装饰图案。

（2）佛教的传入

四川是中国佛教传播的重要地区，向有"言禅者不可不知蜀"之说。佛教在四川传播的近2 000年历史中，对四川的文化、经济乃至政治、民众生活都产生了重要影响。

有文字记载的佛教传入四川的年代是东晋哀帝兴宁三年（365年），法和、昙翼和慧持三位高僧先后入蜀，并带来了大量的经典和徒众，对四川佛教的发展起了奠基的作用。南北朝时期，中原战乱较多，四川相对安定，高僧入川者甚多，加上南朝许多帝王都信奉佛教，这一时期四川的佛教发展很快。隋唐直到宋代，是我国佛教的辉

图1-9 "福寿双全"纹

煌发展时期。四川的佛教在这一时期也处于鼎盛阶段，并以禅宗独盛的形式，显示了四川的特点。在唐代，四川出了几位对全国佛教的发展起过很大作用的高僧。唐末五代，中原战乱频繁，王建在四川称帝，川境再次处于相对安定局面，佛教得以继续发展。王建之后的后蜀政权孟氏父子也崇信佛教。宋统一中国后，禅宗继续发展，四川的许多官吏士大夫大都爱兼修禅宗佛理，四川成为佛教禅宗的重要基地之一。

佛教在四川的第二个兴盛时期是明末清初，而且因与当时全国佛教并不兴盛的情况相对照，显得相当突出。清代的康、雍、乾三代，对峨眉山、昭觉寺、文殊院等著名寺院多有敕赐。各任督抚大员对各大寺院的恢复建设常予支持，道、府、州、县建庙修寺的劲头也高，这使得四川的佛教活动发展很快。据有关资料，清代中期全省的大小寺庙有一万多座，仅峨眉山一处就多达100多座。四川有佛教圣地峨眉山，有世界第一大石刻佛像乐山大佛，还有不少闻名遐迩的佛教寺院。佛教文化的输入，给中华的社会生活、思想观念、文学、音乐、美术等等方面都带来了新鲜活力，天竺佛国大量的高型家具，也随之来到了汉地。这对汉地的生活习俗，对华夏几千年来席地而坐的起居方式是一个极大的冲击，促进了家具的发展。

佛教的传入对家具的影响首先反映在坐具上。

图1-10 葡萄纹

佛教禅椅传入中国，坐的方式发生了历史性的转变，改变了我们几千年席地跪坐的方式。伴随高型坐具而来的是垂足而坐方式，也自然地进入了汉地生活。椅子的出现，也要求桌子的高度增加，改变了席地跪坐时期低矮桌子的传统，这是佛教在传统家具中的最大影响。其次是装饰上的影响，莲花是佛教的圣花，自此，莲花座图案的纹样也渐渐出现在家具中，并慢慢流传开来。还有一些装饰纹样，在川作家具上的体现就是串珠纹、葡萄纹、佛手纹、香炉纹、万字纹等。

（3）基督教的传入

四川是基督教深入中国的重点地区。自鸦片战争开始，基督教进入了四川盆地。上帝和耶稣逐渐成为四川部分民众崇拜的新偶像，为苦难深重的四川民众提供了新的精神寄托。

基督教的传入为四川走向现代社会奠定了一定的基础，同时，它还直接带进了西方的先进生产设备和技术，以及新颖的西方艺术元素，如西番莲纹等西洋纹样，在川作家具上得到应用。

4. 四川民居

四川民居作为古代巴蜀建筑文化的重要组成部分，源远流长，在独特封闭的自然环境中，其风格极富地方特色，自成体系。但在悠久的历史演变发展过程中，又与外界各地有着丰富的文化交流，特别是伴随着历史上的人口迁徙和王朝兴衰更替，反映在民居建筑文化上，又表现出与中原及其他地区建筑文化之间相互影响、相互交融的多样性特征。

四川民居由于受地形、气候、材料、文化和经济的影响，在交融南北的基础上自成一体，独具鲜明的地方特色。

四川民居注重环境，巧妙利用自然地形，做到人、环境、艺术的有机结合。其大多依山临水，后高前低，层层拔高，与四邻环境协调，并用古林修竹、挖池堆石加以点化，使之具有特殊的韵味。如峨眉山徐宅，地处万年寺附近，木结构的灰瓦屋顶，外观朴实并与山野相融。

四川民居平面布局灵活，空间变化有序。四川民居有明显的中轴线而又不受其束缚，打破对称谨严的格局。利用曲轴、副轴，使建筑随地形蜿蜒多变，曲折迭进，充满自然情趣。空间大、中、小结合，层次丰富。在封闭的院落中设敞厅、望楼，室内外空间交融，将建筑空间结合环境自由延伸，使人工建筑与自然环境相映增辉。

四川民居具有丰富的文化内涵和简洁朴实的建筑外貌。四川民居包含着极其丰富的建筑文化，这种文化与历史、人文等因素息息相关，不但表达了民居主人的文化品位、社会地位，同时也包含着人们的祈求和愿望，门楼的装饰、窗格的变化及围护结构的美化最能体现这种文化内涵。

川西普通民居在功能上，一般分为龙门、檐廊和敞厅、堂屋、卧房、厨房。

龙门即大门，又叫头道朝门或头道龙门，是民居院落的空间起点。龙门与院墙、房舍围合院坝，构成一组虚实相济、内外有别的居住单元。敞厅的设置与川西潮湿的气候有着密切的关系，川西民居中的敞厅与檐廊大多连为一体，成为扩大的连续的半室外空间。

图1-11　西番莲纹样

堂屋一般处于住宅平面的中心位置，即正房的明间，用来供奉祖先，兼做起居、接待之用。堂屋的装置摆设较为讲究，一般的堂屋，后墙正中供"天地军师亲"等牌位，前设高足长案，并摆设香炉等。富贵人家的堂屋内还往往设嵌入墙壁的神龛，神龛多设花木罩，前置香案、八仙桌、太师椅等，两侧墙上挂书画、前设靠背椅和茶几等。

卧房多位于正堂和次堂两侧。正堂两侧为正房，次堂两侧为厢房。一般卧房均不直接对檐廊或院坝开门，而是通过堂屋或次堂进出。单独成间的耳房和客房则可向外直接开门。卧房的窗户通常只设在向檐廊和院坝的一侧。通过川西刘氏庄园中的卧房陈设，可以了解当时川西大户人家的卧房是如何布置的。图1-12为刘文彩的二房太太扬仲华的卧房。刘文彩发妻吕氏，在刘文彩未发迹时病死。扬仲华是刘文彩的二房太太，大邑三岔乡人，她为刘文彩生有四男三女。因与几房太太不合，常住成都文庙街公馆。刘文彩有三个女儿，均为二房太太扬氏所生。在扬氏卧房和小姐卧房（图1-13）这两处卧房中，陈设的家具主要有架子床、衣柜、矮柜、梳妆

图1-12　刘文彩太太——扬仲华卧房
（图片来源：http://zhongcaihua.blog.sohu.com/114705157.html）

台、脸盆架以及桌子、凳子、绣墩等家具。

在四合院中，卧房分配按照"尊卑有序、内外有别"的宗法制度进行。正房位置最为尊贵，为长辈居住；位于厢房的卧房一般为晚辈居住，如成都

西四街道14号某宅的平面图（图1-14）。再如成都广汉市花市街25号的张晓熙大院的平面图（图1-15）。张晓熙大院是清代府第大院的代表，建于清光绪初年。该宅坐西向东，正方三间，中为祖堂，

图1-13 刘文彩女儿卧房
（图片来源：http://bbs.photofans.cn/thread-307977-1-1.html）

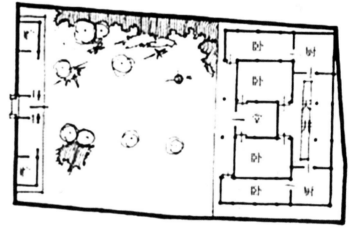

图1-14 成都西四街道14号某宅平面图
（图片来源：《四川民居》）

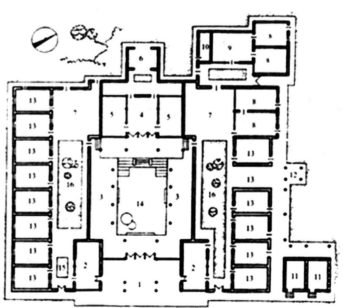

图1-15 成都广汉市张晓熙宅平面图
（图片来源：《四川民居》）

次为主人卧室书房，坐于高台基上，以突显正房的高贵地位。左右边路均为长条形通深庭院，两侧厢房为各类卧室、账房、仓储、佣人房等。

这种特殊的建筑风格影响着室内的空间布局与划分以及家具的陈设。在这里，你的空间观念会改变。一张小床，高度只能坐起，而不能在床上站立。空间不大，但个人隐私感却很强。室内光线虽不好，但临窗设一小桌，读书十分幽静，累了可向外俯视。近处是一片房顶，上面挂着五颜六色的衣服，远处是烟雾蒙蒙的江面，传来低沉的汽笛声。这样的美景在其他城市是领悟不到的。这种随便、不受约束形成了建筑风格的千变万化，这里的人们没有愚公移山的气魄，却依附于自然，对自然撒娇，体现出人与建筑、建筑与自然的随意亲和。

5. 民风民俗

民风民俗指一个国家或民族中广大民众所创造、享用和传承的生活文化。它起源于人类社会群体生活的需要，在特定的民族、时代和地域中不断形成、扩大和演变，为民众的日常生活服务。

四川是一个多民族聚居的地区，是我国民族种类最多的省份之一，素有"民族走廊"之称，各个民族都有其独特的生活习惯和信仰礼仪。四川作为一个文化大省，具有丰富多彩的民俗文化。

（1）语言方面

四川话有其本身的发音特点，语言使用多含蓄、幽默。清初以来，四川是一个移民大省，湖、广、秦、晋、闽、粤、浙、滇、黔等地语言荟萃融合，但因地域广阔、交通不畅、人群习性不同，省内各区域语言差距亦大。

（2）服饰方面

正因为四川是个移民大省，除了汉族外，汇聚了众多少数民族，如藏族、彝族、羌族、苗族、傈僳族、蒙古族和纳西族等。各个民族都有其特定的服饰和头饰，这也造就了四川人的服饰丰富多样的特点。

（3）生活习性方面

四川人爱吃麻辣，爱坐茶馆，爱喝白干，滑竿、

图 1-16　四川老茶馆组图
（图片来源：太平洋摄影博客）

凉轿是旧时有钱人的出行代步工具，轿夫、抬工、船工的号子，是富知识性、趣味性的劳动之歌。

（4）饮食方面

川菜是中国四大菜系之一，也是最有特色的菜系，被冠以"百姓菜"之称。川菜风味包括成都、重庆、乐山、内江、自贡等地方菜的特色，主要特点在于味型多样，调味品的不同配比，配出麻辣、酸辣、糖醋、怪味等各种味型，无不厚实醇浓，具有"一菜一格""百菜百味"的特殊风味，各式菜点无不脍炙人口。川菜系具有取材广泛、调味多样、菜式适应性强三个特征，在国际上享有"食在中国，味在四川"的美誉。

茶馆，对于以成都为中心的川西地区民众，构成和体现着他们的生活品质和生活态度，同时建构着一种不言而喻的"集体记忆"。俗话说，"四川茶馆甲天下，成都茶馆甲四川"，以成都为代表的川西茶馆以自身的独特魅力成为闻名中国的茶馆圣地，甚至在民间流传"到了成都不坐坐茶馆，等于没来"的说法。四川茶馆民俗茶俗甚为浓郁，概括为"三有"：有茶、有座、有趣；"四川"：川风、川味、川情、川俗。

茶馆既是人们休闲之处，可以打盹、聊天、掏耳、修面、斗鸟、打牌、算命；同时又是四川曲艺的表演场所，可以欣赏到清音、金钱板、扬琴、川剧、杂耍等，丰富了人们的娱乐享受；此外，还是谈买卖、做生意的集市，调解纠纷、品评事理的民间法院。一个茶馆，承担起了众多的社会功能，勾勒出一副充满浓郁乡土味的市井生活画卷。民国时期黄炎培访问成都时，描绘成都人日常生活的闲逸："一个人无事大街数石板，两个人进茶铺从早到晚"。教育家舒新城也写道："在茶馆里，无论哪一家，自日出至日落，都是高朋满座，而且常无隙地"。成都的休闲气质在茶馆中得到了淋漓尽致的体现。

（5）宗教信仰

四川有道教圣地鹤鸣山、青城山、青羊宫，佛教名山峨眉山，各处道观庙宇不少，信者亦众。过去，四川人重祖先崇拜、圣人崇拜、自然崇拜，留下的遗迹多，李冰祭祀、川主祭祀为四川特有。另外，红白喜事习俗也自有特色。

（6）社会交往活动

赶场、赶庙会，朝山进香，吃清明会、吃冬至会；各地有不少同乡会馆，十分热闹。

（7）文化娱乐活动

一年四季中的节日，虽然具有全国汉民族的共同性，也有四川人过年过节的独有味道。祭祀礼品的种类、汤圆的吃法、粽子的包法、糍粑的打法自有一套。四川的龙灯制作与玩法，全国有名；绵竹年画，名声远播；客家人的火龙节、水龙节，名声远扬。川剧独特，深入乡镇民间，其中"变脸"更是绝活。四川皮影戏，不同于北方。"打玩艺"吼川戏，遍行于旧社会茶馆。各地民歌、山歌、儿歌也很具特色。踢毽子、滚铁环、荡秋千、打水漂、跳"房子"更是小朋友们喜欢的娱乐。

以上种种足见四川人在历史长河中养成的习性与风气，洋溢着乡土味、浓郁的百姓情，其中有许多具有明显的时代特点，有不少已是"失落的文明"。各种民俗活动的进行需要各种生活器具的支持，家具作为人们所必备的生活用具也在其中发挥特定的作用；同时，家具的形成与演变也受到这种特殊文化氛围的影响。

6. 民间艺术

民间艺术的题材和内容充分反映了社会大众的审美需求和心理需要。巴蜀大地历史悠久，各民族、各地区有着深厚的民间艺术资源，这些多姿多彩的民间艺术奇葩不仅在巴蜀大地光彩熠熠，更是中华民族文化宝库中精美绝伦的艺术精品。

（1）民间歌舞

四川各地的歌舞各富特色，如"卡斯达温"是川西北高原黑水地区有着浓郁民族特色的藏族民间歌舞，汉语译称"铠甲舞"，一展英雄豪情；巴塘弦子显康巴情怀；白马人传承百兽率舞表原始崇拜；气势恢宏的鱼塘彩龙舞示道家天理。

（2）劳动歌谣

川北薅草锣鼓一般在二道苞谷草或锄黄豆草时进行，一人击鼓，一人敲锣，敲锣者为歌郎，在数十人的薅草队伍中起指挥作用。青川山人把民间文化与音乐融入艰苦的劳动中，是川北山区劳动人民聪明智慧的结晶，也是历代先贤们留下的宝贵文化遗产。

流传于金沙江、长江、岷江等地带的川江号子是一种少见的集劳动号子和歌曲演唱为一体的民间艺术形式，它是船工与险滩恶水搏斗时用热血和汗水凝铸而成的生命之歌，从本质上体现了川江流域劳动人民面对险恶的自然环境，不屈不挠的抗争精神和粗犷豪迈中不失幽默的性格特征。

（3）民间音乐

玄妙飘渺的洞经音乐源于四川的道教与文昌崇拜，曼妙神奇的乐曲既有道教音乐的飘逸，又有儒家音乐的庄严，还有宫廷音乐的古雅，更兼江南丝竹音乐的柔情，富有穿透力的音乐语言营造出一种超凡脱俗、恬淡闲适、高深玄虚的艺术世界，给人妙不可言的艺术享受。

羌族人民在对箭竹千百次的实践中，制造出了传情达意、荡气回肠的吹奏乐器——羌笛，它历经商周原始部落的游牧时期和秦汉年间大迁徙的流亡时期，以及汉唐以后的农耕时期，是羌民族发展变迁的见证。羌笛是羌族人民渴望和平、思恋家乡、寄托思乡之情而保留至今的唯一乐器。

（4）民间曲艺戏曲

四川民间曲艺以清音、金钱板、荷叶和扬琴为代表，清末民初其演出遍及整个四川盆地，迄今犹存的成都芙蓉亭和锦江茶楼便是当时著名的演出场所。

据史料载，清雍正年间（1723~1735年），大批陕、甘移民迁入此地，陕甘文化与巴蜀文化相互交融，形成了独具地方特色的南坪小调，其基本形式为弹唱，歌词内容广泛，包括爱情生活、农耕生活、历史传说等题材。

四川东北部的南充、仪陇等地的大木偶戏，以其制作精良、表演逼真为世所罕见，堪称世界傀儡戏中的精品。

川北灯戏是清乾隆年间（1736~1795年）流行于四川北部阆中、仪陇、顺庆等地的一种民间歌舞小戏，它用农民的道德标准判断人间的美丑善恶，演绎农民的喜怒哀乐，以喜剧为主，语言通俗易懂，诙谐风趣，深受当地农民喜爱。

川剧用四川方言演唱、道白，以锣鼓、唢呐等乐器伴奏，有昆腔、高腔、胡琴、弹戏和灯调五种声腔艺术，其中以高腔最富特色。川剧道具繁复多样，包括头饰、服饰、面具、家具、茶具、文具、刑具、兵器等道具，多为木制，并随着当地人们生活的变化而不断发展变化。

川剧中用到的家具有木制弓马桌、木制或竹制椅子、椅披、木制小箱等。弓马桌用途极广，除代表桌、案以外，还常与椅配合，代作它物用；椅子变化无穷，"一桌二椅"相配使用，可代山、代墙、代门、代窗等；椅披又称"座条"，用料、色彩等同桌帷，常常代用为它物；小木箱可作药箱、珠宝箱等用。图1-17至图1-20这四张图是不同版本的《拦马》剧照，时间、场地不同，使用的家具也不同，除江野萍版本（图1-20）中的椅子为木制的外，其他三个版本中均为竹制的椅子，且椅子搭脑、

图1-17　沈巍、刘茜版的《拦马》剧照

图1-18　陈婉秋、郭靖版的《拦马》剧照

图1-19 刘磊、刘茜版的《拦马》剧照　　　　图1-20 江野萍版的《拦马》剧照

赶帐部分有不同程度的绳带绑扎，可能因为剧中武打场面较多，且在椅子上的摔打动作较大，使用次数多了椅子难免受损，这也说明了该剧受人们喜爱的程度之大。

另外，提到川剧，就不得不提及变脸和吐火，它们是川剧中最具特色和影响力的两门绝技。变脸是最为人熟知的川剧艺术塑造人物的一种特技，其手法大体分为抹脸、吹脸、扯脸。

（5）民间美术工艺

绵竹年画是中国四大年画之一，也是四川本地几大年画的代表。它以阳刻木刻版印出轮廓线，再由一人手工施彩、勾线、开相完成。绵竹年画强调手工彩绘，因而水墨韵味浓重，有绘画的格调。除满足四川市场外，绵竹年画还远销云南、贵州、陕西、青海、西藏、湖南、湖北和东南亚一带。

成都的漆器工艺是中国最早的漆器工艺之一。全国发掘的西汉以来的墓葬，出土了不少成都造的漆器。据文献和考古实物资料分析，战国时期，成都漆器业已经十分兴盛，秦汉至盛唐时期，成都漆器工艺技术向外流传，对我国其他漆艺流派产生了重大影响。成都漆艺主要原料为漆和丹朱，雕嵌填彩、雕填影花、雕锡丝光、拉刀针刻等制作技法极富地域特色。

四川栽桑养蚕的历史可追溯到新石器时代晚期，距今4 000多年。古代四川人用彩色蚕丝编织而成

图1-21 绵竹年画－　　　图1-22 绵竹年画－
万宝来福　　　　　　　永镇家宅

锦缎称为蜀锦，这种细腻、华美的奢侈品是优雅生活、王权财富的象征。蜀锦自古就是四川重要的外贸商品，唐时，蜀锦通过古丝绸之路远销到西方，著名的南方茶马古道，叮叮当当的马背上也拖着成捆的蜀锦。蜀锦产量很大，工人也多，川南的乐山苏稽镇甚至有民谚曰："家家有织机，户户出织绸"。

蜀绣为中国四大名绣之一，在晋代被称为蜀中之宝，其历史悠久。据晋代常璩《华阳国志》中记载，当时蜀中的刺绣已十分闻名，并与蜀锦并列，视为蜀地名产。最初，蜀绣主要流行于民间，分布在成都平原，刺绣手艺世代相传。至清朝中叶以后，逐渐形成行业，尤以成都九龙巷、科甲巷一带的蜀绣为著名。当时各县官府所办的"劝工局"也设刺绣科，可见其制作范围之广。起源于川西民间的蜀绣，受地理环境、风俗习惯、文化艺术等各方面的影响，经过长期的不断发展，逐渐形成了严谨细腻、光亮平整、构图疏朗、浑厚圆润、色彩明快的独特风格。

贰

川作家具

品种

一、川作坐具类家具

川作座椅的样式既符合中国传统椅类的两大类即扶手椅和无扶手椅，又带有四川的地域特色。在民间制作的家具中，由于注重实用与制作便利，品种没有宫廷家具那么齐全，可是在装饰上较后者大为丰富。在保存至今的椅子实物中，大致可以分为梳背椅、太师椅、屏背椅、灯挂椅、官帽椅、圈椅、靠背椅、中西合璧式座椅和高背底座椅等几大类。

1. 座椅

（1）梳背椅

梳背椅因其靠背由多根立柱组成，形同梳齿而得名。

川作梳背椅的特点是后背搭脑之下的靠背是由数根略呈弯曲的直枨等距排列而成，直枨呈上细下

粗的圆锥形，安在搭脑和椅盘的大边之间；梳背椅多带扶手，两侧扶手亦采用直枨等距排列的形制。

梳背椅因其加工简单，用料少，造型简练，具有文人气息，深受四川平民百姓的喜爱，在四川地区极为常见，其数量在保留至今的川作古旧坐具中占有较大比例。

① 光素梳背椅

光素梳背椅是指靠背上只有若干根直枨支撑，没有其他装饰，其装饰主要在座面下的望板及矮老上。

光素梳背椅的靠背直枨一般为八根，中国从古至今，对数字都非常的注重，直枨通常取八根，具有协调统一、喜庆、发财等吉祥寓意。

• 光素梳背椅（之一）

靠背、扶手三面作梳背，靠背上部稍向后倾；搭脑作罗锅枨式，座面下有束腰，束腰下正面中部下垂注堂肚，步步高管脚枨，迎面枨下有牙板；座面下四腿为方形，靠背边柱与后腿分开，独立制成（图2-1）。

• 光素梳背椅（之二）

搭脑中间高两端低，靠背上部微向后倾，靠背及扶手下安上小下大圆锥状直枨；搭脑和扶手边框均为"断裂式"仿竹节做法；攒框座面，椅盘框沿

图2-1　光素梳背椅（之一）

边倒棱压边线，有束腰，罗锅枨上饰两车木净瓶式矮老，罗锅枨下装牙子，内方外圆腿，步步高赶杖（图2-2）。

• 光素梳背椅（之三）

椅子靠背上部稍向后倾，鹅脖与前腿一木连作；座面攒框作，椅盘框沿边倒棱压边线，座面下正面为罗锅枨，两侧为直枨，枨上皆安数根净瓶式矮老，罗锅枨下装牙子，内方外圆腿，步步高赶枨，前枨下安有牙板；此椅通体光素，髹黑漆（图2-3）。

• 嵌花板梳背椅

靠背、扶手三面作梳背；椅子的扶手、靠背边柱和搭脑均为六边形样式，一般这些构件或圆或方，这种六边形的形制较为特殊，搭脑的转折为"断裂式"仿竹节作法，靠背和扶手中的圆锥形直枨数量较少。椅子带束腰，束腰下安罗锅枨，束腰和罗锅枨之间的空间被分成三段，安装了三片镂空的花板，中间是由卐字符连续而成的万花阵纹样，两侧为冰裂纹，即增加了椅盘下的体量与厚重之感，又不显得闭塞呆滞。腿间安步步高赶枨，侧腿收分，前腿间的踏脚枨与地面接触，可能是椅腿下部腐烂被截短所致（图2-4）。

② 云头梳背椅

云头梳背椅与普通梳背椅最大的区别，在于靠背的搭脑处由各种形式的雕花云头取代了原来梳背椅上的平滑横杆，其弧形云头搭脑使得靠背形制更加类似于梳子造型。部分云头梳背椅在靠背的数根直枨中间另嵌雕刻花盘，制造视觉中心，使得整体造型更加优美，耐人寻味。云头梳背椅多以大漆把表面涂饰成中国红，优雅婉约让人不禁有古典美女端坐其上的联想。

• 云头梳背椅（之一）

搭脑上的透雕装饰曲线流畅极具美感，使得整体造型更加优美，耐人寻味。靠背外框线形，搭脑雕饰的大气粗犷，给人截然不同的庄严感觉；搭脑下接八根圆锥形直枨，"断裂式"扶手边框，有束腰，步步高赶枨，前枨下装牙板。整个椅子光素，仅在搭脑处做装饰（图2-5）。

• 云头梳背椅（之二）

椅子搭脑部分为如意祥云纹，取如意吉祥之意，中部有蝙蝠头像。蝙蝠的形象被当作幸福的象征，"蝠"为"福"字的谐音，蝙蝠的飞临，寓意"进福"。靠背由八根直梗组成，中部嵌入一吊佩，雕有狴犴，它的形象威风凛凛，象征着仗义执言，能明辨是非，秉公而断。扶手和扶手立柱看似往上的直线，实则向内横移了一定距离，此种向内收分的做法似为

图2-2 光素梳背椅（之二）

图 2-3
光素梳背椅（之三）

图 2-4　嵌花板梳背椅

图 2-6　云头梳背椅（之二）

图 2-5　云头梳背椅（之一）

图2-7 云头梳背椅

川作家具的典型特色。扶手下安有五根直梗。座面有束腰，四腿有收分。两前腿间采用罗锅枨，并装有卷草纹卡子。枨下安装如意卷草纹挂牙，椅子踏脚枨下装有牙板，整体充满吉祥如意的气息（图2-6）。

• "麒麟吐书"梳背椅

椅子为柏木制。椅子搭脑为曲线形，形似如意，中部倒垂灵芝。两侧搭脑内部依次镂雕佛手与桃，寓意多福多寿。靠背由八根下粗上细的直梗组成，中部嵌入一圆盘，外沿为四勾云纹，内为一圈莲瓣纹，浅雕"麒麟吐书"纹，麒麟后腿蹲地，前腿直立，身刻有鳞片，头带角。椅子后腿与靠背立柱一木连做，末端向内卷曲成凤头，靠背立柱为"断裂式"，仿竹节作法。扶手下等距排列四根直梗。座面下采用束腰，四脚收分。前腿间采用罗锅枨加矮脑，矮老采用净瓶花式，枨下安装花形挂牙，椅子踏脚枨下装有牙板，使得整体结构牢固，整件家具显得端庄大方（图2-7）。

③ 靠背板梳背椅

靠背板梳背椅和光素梳背椅相类似，只是把靠背的八根直梗改制为四根直梗和一块靠背板组合而成，也有两根、六根直梗和一块靠背板组合的，但是这样的款式并不多见。一般靠背板上有雕花，或浮雕或镂空，图案多为当时民间人物故事，自然花草等主题。这种背板在较光素梳背椅在触感上更为舒适，更贴合人体曲线，同时在视觉上也较光素梳背椅更多姿多彩，给人以丰富的视觉感受。

• "蝙蝠呈祥"梳背椅

椅子搭脑和扶手为"断裂式"，背板分三段：上段雕花卉纹；中段板心起委角阳线边框，内雕祥云、蝙蝠，蝙蝠口中吐出一股气流，随之向两侧分开、卷曲，类似灵芝纹，寓意着福气降临；下段雕蝴蝶纹亮脚，蝴蝶头部的一对触角为四刀刻成，旁边带有数刀新月形剜刻。搭脑与后腿上截转角处有铜条加固。四腿都为一木连做。前腿间安劈料做直枨，

图2-8 "蝙蝠呈祥"梳背椅

枨下卷曲的回纹变形为花鸟纹牙子。直枨中部设有寿桃石榴形卡子花。踏脚枨与前腿格肩相交，下安洼堂肚牙板。椅子通体呈现一种柔和的暗红色，有些部位还残留表面的黑漆层，可以推测椅子曾髹过两种色漆，底漆为红，面漆为黑（图2-8）。

• "喜鹊登梅"梳背椅

椅脑与扶手做成罗锅枨式；扶手作梳背状；步步高管脚枨，迎面枨下装有花边脚牙；前后腿一木连做，上细下粗，外圆内方。靠背板分三段加以装饰：上段平雕梅花；中段长方形平雕花鸟；下段镂雕缠枝花卉纹亮脚。与上方"蝙蝠呈祥"梳背椅的结构装饰类似（图2-9）。

梅花是中国传统名花，它不仅以清雅俊逸的风度，更以冰肌玉骨、凌寒留香被喻为民族的精华而为世人所敬重。中国历代文人志士爱梅、颂梅者极多。梅以高洁、坚强、谦虚的品格，给人以立志奋发的激励。在严寒中，梅开百花之先，独天下而春，

图2-9 "喜鹊登梅"梳背椅

因此，梅又常被民间作为传春报喜的吉祥象征。

• "观音送子"梳背椅

椅子为柏木制。搭脑和扶手的委角处为"断裂式"，搭脑中部打槽，下嵌一整块靠背板。靠背板分两段，上端阴刻方框，方框顶端为垂云纹。内雕一带叶寿桃。圆形的寿桃内雕"观音送子"吉祥图案。观音乘祥云，手抱童子，恭迎人屈膝弯腰，双

手交圈，头带明朝官帽。寿桃下雕带翼麒麟，踏步，回首，张翼，十分生动。民间传说麒麟为观音的坐骑。背板下端雕如意云纹亮脚。背板上还留有旧时工匠构思划线的痕迹。从背板面雕人物处斑驳的漆层推测，应为先批灰、髹朱漆，然后罩金漆。无束腰结构，四腿一木连做。大边与抹头底端设直条，直条上留有一排圆形孔洞，为安装圆形瓶式矮脑用，而非图中所修复后的直枨加短方材矮脑样式（图 2-10）。

• "多子多福"梳背椅

扶手作梳背状；步步高管脚枨，迎面枨下装有花边脚牙；罗锅枨；前后腿一木连做，上细下粗，外圆内方。背板上部为透雕加平雕，刻有蝙蝠、云鸟、石榴；缠枝莲纹亮脚（图 2-11）。

蝙蝠和云纹寓意福从天降。在明清纹饰中，石榴象征多子多福。相传北齐文宣帝作客帝妃李氏之家，李母宋氏送文宣帝石榴一对，文宣帝视而不见。魏姓太傅对帝轻语："石榴房中多子，帝王新婚，妃母欲子孙众多。"榴开百子，典出于此。

• "白头富贵"梳背椅

搭脑、扶手作罗锅枨式；横枨、矮老、管脚枨采用两劈料做法；侧面矮老雕灵芝纹；步步高管脚枨，迎面枨下装有花边脚牙，靠背板攒框，分三段加以装饰，打磨光滑。上段平雕桂花；中段委角平雕牡丹、一对白头鸟；下段为佛手纹亮脚（图 2-12）。

图 2-11 "多子多福"梳背椅

图 2-10 "观音送子"梳背椅

牡丹寓意富贵。牡丹与白头鸟组成的图案寓意白头富贵，夫妻间善始善终。白头鸟羽毛丰满，生动自然。

• "富贵长寿"梳背椅

扶手作梳背；搭脑与扶手作罗锅枨式；束腰处起阳线，类似现代点划线；牙板饰卷云头纹；角牙透雕折枝牡丹；步步高管脚枨，迎面枨下有花边脚牙。靠背板攒框，分三段加以装饰：上段平雕牡丹，一枝娇艳绽放一枝花骨朵；中段浮雕松树与鹿，下段为花卉纹亮脚（图2-13）。

鹿与青松在中国的传统习俗中都是长寿的象征，因此，松鹿图在装饰上寓意长寿。图中鹿的神情专注深情。红底髹漆贴金，打磨光亮。

• "长寿多福"梳背椅

此款为不多见的靠背椅梳背椅，靠背只有两根直棂和一块靠背板组合，直棂较四根的直棂要粗大；背板为一块独板，上雕刻桃纹佛手，寓意长寿多福；方券口；步步高管脚枨，迎面枨下装有花边脚牙（图2-14）。

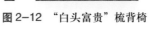

图2-12 "白头富贵"梳背椅

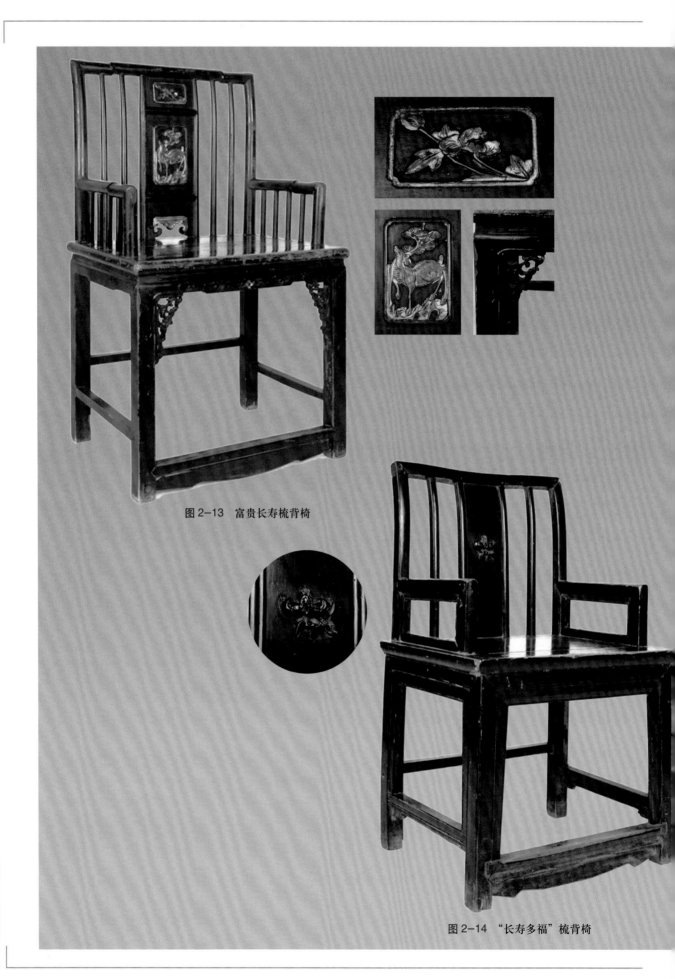

图 2-13　富贵长寿梳背椅

图 2-14　"长寿多福"梳背椅

● "四季平安" 梳背椅

椅子为楠木制。搭脑和扶手都为典型的川作"断裂式"仿竹节作法，靠背由六根直枨组成，中间两根间隔稍宽，用两横材划分为三部分，上部镶嵌一板，上有浅浮雕莲花莲子图案，荷叶卷曲，生动形象。图案大部分为黑漆面，在莲瓣上凹形刀痕内残留金漆，可以想象图案原本涂有一层金漆。在枝叶的凸起部位，由于长期的摩擦，黑漆层被磨薄，已经有些泛红。中部透雕带底座、带双耳的博古花瓶。瓶口插月季花，寓意"四季平安"。月季花肥大的叶子自然下垂，口沿下为一圈莲瓣纹，腹部为一圈双阳线弦纹，下饰一圈莲瓣纹。博古花瓶为朱漆地髹金漆，与上部莲花图案髹漆工艺存在差异。束腰板上起阳线。迎面牙子挖三个长方形槽，中部槽内雕倒垂牡丹纹，两边槽内起三角形阳线，内雕梅花纹。方形腿，下安步步赶高枨（图 2-15）。

● "富贵平安" 梳背椅

扶手作梳背状；步步高管脚枨，迎面枨下装有素牙条；罗锅枨；前后腿为一木连做，上细下粗，外圆内方。靠背板攒框，分三段加以装饰：上段平雕蝙蝠；中段平雕牡丹、花瓶；下段镂雕灵芝纹亮脚。寓意福至、富贵、平安（图 2-16）。

● "富贵吉祥" 梳背椅

扶手作梳背；搭脑与扶手作罗锅枨式；卷草纹角牙；矮老作拐子纹饰；步步高管脚枨，迎面枨下装有花边脚牙。靠背板攒框，分三段加以装饰：上段平雕牡丹，寓意富贵；中段浮雕麒麟，翩然而来，目光如炬；下段为花卉纹亮脚。红底髹漆贴金，打磨光亮（图 2-17）。

● "富贵吉祥" 梳背椅

椅脑中间平雕蝙蝠纹；扶手作梳背状；牙板与腿内部起阳线，雕祥云节子和如意纹；束腰处起阳线；步步高管脚枨，迎面枨下装有花边脚牙。靠背

图 2-15 "四季平安" 梳背椅

图 2-16 "富贵平安"梳背椅

图 2-17 "富贵吉祥"梳背椅

图 2-18 "富贵吉祥"梳背椅

板攒框，分三段加以装饰：上段平雕牡丹；中段平雕牡丹、喜鹊；下段镂雕缠枝花卉纹亮脚。牡丹喜鹊寓意富贵喜庆。喜鹊羽毛丰满，眼睛生动传神。手法写实，富有情趣（图 2-18）。

• "富贵祥瑞"梳背椅

扶手作梳背状；矮老为拐子纹；花牙饰卷草纹；牙板雕莲瓣纹；带束腰；前后腿为一木连做，上细下粗，外圆内方；步步高管脚枨。靠背板攒框，分三段加以装饰，打磨光滑。上段委角平雕蝙蝠；中段委角平雕瑞兽；下段镂雕缠枝纹亮脚，具对称之美（图 2-19）。

麒麟是古代传说中的仁兽，不践生灵，不折生草，非有宝之地不停，有聚财和送子的功能，是人们喜爱的祥瑞灵物。

• "一品当朝"梳背椅

椅子搭脑为"断裂式"仿竹节作法，背板攒框嵌板，分为上段与亮脚。上段板心随边框向后弯曲，顶端铲地起阳线雕云纹，中间带有新月形阳刻，底端起双阳线方框，内雕一仙鹤栖息于岩石上，寓意"一品当朝"，岩石边缘为锯齿形。亮脚为壶门形，壶门尖角处带有向日葵图案。冰盘沿座面，无束腰结构，前后腿都为一木连做，侧脚收分。两前腿间用一通长的劈料做直枨，端部通过斜角榫连接靠椅腿的上下侧牙头。直枨下有两短柱形矮老，短柱与直材交接处安云纹牙头。枨子两短柱矮老间削去了下面的线形，为了连接留下的上直线与两边的下直线，工匠在连接处嵌了一菱形方块，这样在视觉上就产生了一整条连续的折线。连接在枨子上的竖向短材的宽度和厚度都为枨子的一半。前腿间此种做工的枨子在国内其他地区还没见到，应为四川所特有（图 2-20）。

图 2-19 "富贵祥瑞"梳背椅

图 2-20 "一品当朝"梳背椅

• "一路连科"梳背椅

扶手作梳背状；步步高管脚枨，迎面枨下装有花边脚牙，罗锅枨；前后腿一木连做，上细下粗，外圆内方。靠背板攒框，分三段加以装饰，打磨光滑。上段平雕书画；中段委角平雕鹭鸶、莲蓬；下段似为卷草纹亮脚，已损坏（图2-21）。

书画尽显斯文一脉。一路连科：鹭在古代也属吉祥鸟，它曾是六品文官的服饰标记。在装饰上应用亦很多。"鹭"与"路"谐音，"莲"与"连"谐音，鹭鸟与莲组成一幅美丽的水禽图，在吉祥图案中寓意事业非常顺达，犹如考场接连登科。

图2-21 "一路连科"梳背椅

• "一路荣华"梳背椅

扶手作梳背；搭脑与扶手作罗锅枨式；束腰处起阳线，类似现代点划线；牙板饰云头花卉纹；步步高管脚枨；足部饰回形纹。靠背板攒框，分三段加以装饰，打磨光亮。上段平雕牡丹；中段委角平雕鹭鸶、荷花（一路连科／一路荣华）；下段为花卉纹亮脚（图2-22）。

牡丹寓意富贵。鹭鸟与芙蓉花或荷花（中国古时文人爱把荷花称作出水芙蓉）组成的图案，表示对将外出的人最良好的祝愿，祝愿其在整个人生和事业的道路上，伴随着无限幸运、富贵与荣耀，即一路荣华。

• "蟾宫折桂"梳背椅

扶手作梳背状；步步高管脚枨，迎面枨下装有花边脚牙；罗锅枨；前后腿为一木连做，上细下粗，外圆内方。靠背板攒框，分三段加以装饰；上段平雕桂花；中段平雕牡丹；下段镂雕缠枝花卉纹亮脚（图2-23）。

桂花是旧时人们仕途得志、飞黄腾达的代名词。《晋史》载，晋朝郗某对策考第一。武帝问他，他回答说："臣今为天下第一，犹桂林一枝。"应试及第为"折桂"即由此而来。温庭筠诗："犹喜故人新折桂"。

• "富贵花"纹梳背椅

扶手作梳背状；步步高管脚枨；罗锅枨；前后腿一木连做，上细下粗，外圆内方。靠背板分三段加以装饰。上段平雕牡丹；中段长方形平雕牡丹；下段镂雕缠枝花卉纹亮脚（图2-24）。

牡丹寓意富贵。牡丹是中国传统名花，它端丽妩媚，雍容华贵，兼有色、香、韵三者之美，让人倾倒。历史上不少诗人为它作诗赞美。如唐诗赞它："佳名唤作百花王"。又宋词中有："牡丹，花之富贵者也"。"百花之王""富贵花"亦因之成了赞美牡丹的别号。

• "君子兰"梳背椅

椅脑与扶手做罗锅枨式；扶手作梳背状；侧面矮老为车镟构件；步步高管脚枨；前后腿一木连做，上细下粗，外圆内方；足部雕如意纹。靠背板分三段加以装饰，髹漆贴金。上段平雕牡丹；中段中字边框平雕兰花；下段镂雕缠枝花卉纹亮脚（图2-25）。

兰花是中国传统名花，是一种以香著称的花卉。它幽香清远，一枝在室，满屋飘香。古人赞曰："兰之香，盖一国"，故有"国香"的别称。兰的叶终年常

图 2-22 "一路荣华"梳背椅

图 2-23 "蟾宫折桂"梳背椅

图 2-24 "富贵花"纹梳背椅

图 2-25 "君子兰"梳背椅

绿，它多而不乱，仰俯自如，姿态端秀、别具神韵。中国自古以来对兰花就有"看叶胜看花"之说。它的花素而不艳，亭亭玉立。兰花以它特有的叶、花、香独具四清（气清、色清、神清、韵清），给人以极高洁、清雅的优美形象。古今名人对它品价极高，喻为花中君子。在古代文人中常把诗文之美喻为"兰章"，把友谊之真喻为"兰交"，把良友喻为"兰客"。

- "蝶恋花"梳背椅

扶手作梳背；搭脑与扶手作罗锅枨式；迎面为拐子纹矮老、横枨；寿桃石榴卡子花；步步高管脚枨，迎面枨下装有花边脚牙；卷草纹角牙；靠背板攒框，分三段加以装饰：上段平雕牡丹；中段委角平雕蝴蝶；下段为蝴蝶纹亮脚（图2-26）。

蝶舞春风：蝴蝶是中国民间喜爱的装饰形象，是美好、吉祥的象征。蝴蝶形象美丽、轻盈，恋花的蝴蝶常用来比喻爱情和美满婚姻。

- "历史典故"梳背椅

椅脑与扶手做罗锅枨式，靠背由六根直棖组成，中间两根间隔稍宽，扶手作梳背状。步步高管脚枨，迎面枨下装有花边脚牙，拐子纹横枨矮老，前后腿一木连做，上细下粗，外圆内方。背板为透雕加平雕，刻有蝙蝠、童子、鹅、缠枝莲纹（图2-27）。

按我国吉祥寓意的习俗，"蝠"因为与"福""富"谐音，所以人们很早就喜爱把蝙蝠作为吉祥物用于装饰艺术中。历史典故为王羲之爱鹅。晋代大书法家王羲之喜爱鹅，会稽有一个老妇人养了一只鹅，叫得好听，王羲之想把它买来却没有买到，就带着亲友动身前去观看。老妇人听说王羲之即将到来，特意把鹅宰了煮好招待王羲之，王羲之为此叹息了一整天。

- "戏曲人物"纹梳背椅（之一）

椅脑与扶手做罗锅枨式；扶手作梳背状；步步高管脚枨，迎面枨下装有花边脚牙；拐子纹横枨矮老，前后腿一木连做，上细下粗，外圆内方。靠背板分三段加以装饰：上段镂雕牡丹；中段镂雕历史戏曲人物；下段为缠枝莲纹亮脚，有损坏（图2-28）。

图2-26 "蝶恋花"梳背椅

图 2-27 "历史典故"纹梳背椅

图 2-28 "戏曲人物"纹梳背椅（之一）

图2-29 "戏曲人物"纹梳背椅（之二）

● "戏曲人物"纹梳背椅（之二）

椅子为楠木制。搭脑和扶手为"断裂样"式。背板攒框嵌板，分两段加以装饰：上段平雕历史戏曲人物；下段运用平雕镂雕蝙蝠云纹亮脚。背板旁各有两根直枨，扶手下安有六根直枨。座面攒框嵌板，冰盘沿，无束腰，前后腿都直接穿过大边与抹头的交接处，形成椅子的扶手和靠背。四腿带有收分，椅盘以上部分为圆材，以下部分为内方外圆。腿间采用罗锅枨加矮老，矮老为连续排列的浮屠样式，矮老不直接与座面连接，而是与座面下附设的一直方材相连。罗锅枨下设有一长条形牙子，直接落在踏脚枨上，这种牙子直抵踏脚枨的做工出现的年代较早。步步高赶枨，枨子与腿都是通过明榫连接。此椅包浆润泽，比例适度，挓度合理（图2-29）。

● 无扶手梳背椅

椅背由八根直枨组成，椅脑部分稍向后倾；无束腰；迎面为罗锅枨，矮老为纺锤式构件；侧面装有牙条与牙头；步步高管脚枨，侧腿收分；形制与光素梳背椅大致相同，只是没有扶手（图2-30）。

（2）太师椅

太师椅也在川西人们的生活中大量使用，通常用大漆作红或黑的髹饰或直接用原木色，座椅椅腿截面多为坚硬的方形，靠背和扶手也因大量使用回纹图案而多接近于方形。靠背部分除了使用回纹图案予以装饰外，中背板部分有浮雕饰以色漆点缀，也有镂空雕刻，也有镶嵌各类材料予以装饰，装饰内容有吉祥纹、人物故事纹、生活场景纹。

这类椅子在保留靠背和扶手基本形制的基础上，出现了很多变体，演绎出丰富多彩的样式。依靠背的样式大致可以分为四类：一为一般形制的太师椅；二为"灵芝"形靠背太师椅；三为"M"形靠背太师椅；四为"山"字形靠背太师椅。异形靠背主体

图2-30 无扶手梳背椅

纹样多以平面浮雕和透雕的手法来表现，靠背和扶手下常见拐子形构件，整体造型端庄稳重，显得落落大方。

① 一般形制太师椅

● 拐子纹太师椅

椅子搭脑为"断裂式"作法。靠背板分三段加以装饰：上段平雕蝙蝠，寓意福至；中段浮雕瑞兽麒麟，麒麟回望，似乎恋恋不舍，极为生动；下段为透雕卷叶莲纹亮脚。靠背上部微向后倾，背板与扶手攒接几何化拐子纹。攒框式座面，有束腰，正面为洼堂式牙条，座面下三面有券口，内方外圆腿，步步高赶枨，表面髹漆贴金，打磨光亮，造型很有地方特色（图2-31）。

● 漆饰太师椅

椅背、牙板处角牙饰梅花，通透秀美；牙板平雕云头纹花卉纹；靠背板分三段加以装饰。上段平雕桃枝；中段折角平雕历史典故，为陶渊明爱菊；

图2-31 拐子纹太师椅

下段平雕菊花纹（图2-32）。

菊花是中国传统名花。它隽美多姿，然不以娇艳姿色取媚，却以素雅坚贞取胜，盛开在百花凋零之后。人们爱它的清秀神韵，更爱它凌霜盛开、西风不落的一身傲骨。国人赋予它高尚坚强的情操，为民族精神的象征。菊作为傲霜之花，一直为诗人所偏爱，古人尤爱以菊名志，以此比拟自己的高洁情操，坚贞不屈。

• "鹤鹿同春"纹太师椅

椅子靠背和扶手为回纹样式。背板采用攒框嵌板，上半部分雕仙鹤、松树、梅花鹿、岩石，梅花鹿的唇部成灵芝纹，梅花鹿回首与仙鹤相望，生动形象；外围装饰一圈串珠纹，往外又有折形的直线和点缀其中的梅花。下半部分的亮脚雕有灵芝纹和一束卷草纹，灵芝纹中嵌有一朵梅花，联系到上半部分，折形的直线应该是几何化的灵芝纹。背板旁

图 2-32　漆饰太师椅

带有云纹雕花牙子。迎面牙板和侧面牙板都雕有卷曲的植物纹样。足端雕有灵芝纹（图2-33）。

此椅的雕工令人惊叹，刀法流畅，收放自如，如此精美的雕工非一般工匠所能达到。

• "节节高升"纹太师椅

扶手下立柱、矮老为车镟形构件；座角牙打洼花草纹；束腰；牙板雕云头纹；横枨饰拐子纹；角牙饰云纹；步步高管脚枨，迎面枨两劈料。靠背板攒框，分三段装饰，打磨光滑。上段平雕竹子；中段平雕鸟、石榴；下段为长方形亮脚（图2-34）。

竹竿节节挺拔，有拔节发叶、蓬勃向上之势，受到人们的称颂。人们赋予它性格坚贞，志高万丈的高风亮节，虚心向上，风度潇洒的"君子"美誉。它与梅、兰、菊、松一样，既有出众的奇姿，更有高尚的品格而深受文人志士的偏爱，被择入"岁寒三友"和"四君子"之列。历史上许多文人为它们赋诗、投墨，予以赞美。在民间传统中有用放爆竹以除旧迎新、除邪恶报平安的习俗。所以竹在中国的装饰绘画上亦被作为平安吉祥的象征。体量大，厚重敦实。

• 万字纹太师椅

牙板雕祥云节子，因云与"运"谐音；皱花边脚牙；扶手立柱为纺锤式构件；步步高管脚枨，迎面枨下装脚牙。靠背分三段：上段镂勾连万字纹（图2-35）。

万字纹寓意前途无量，官运亨通，在古代印度、希腊、波斯等国家是太阳或火的象征，后来应用于佛教，作为一种护符和标志，认为是释迦牟尼胸部所现的"瑞相"。它随佛教传入中国，寓万德吉祥之意，应用极广。下段平雕团寿纹与莲花。

图2-33 "鹤鹿同春"纹太师椅

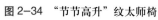

图 2-34 "节节高升"纹太师椅

图 2-35 万字纹太师椅

● 中西合璧太师椅

背板雕刻六角雪花和如意纹，简洁雅致，清雅
脱俗；拐子纹扶手，联帮棍为纺锤式构件；束腰处
平雕联珠纹；牙板平雕西番莲纹，下装皱花边角牙；
步步高管脚枨；素直腿，腿内侧起阳线（图2-36）。

这把椅子除了背板等处的雕饰纹样为西式外，

整体形制和清代太师椅造型极为相似。西番莲本为
西洋传入的一种花卉，匍地而生。花朵如中国的牡
丹，有人称"西洋莲"，有人称"西洋菊"。花色淡
雅，自春至秋相继不绝，春间将藤压地，自生根，
隔年凿断分栽。根据这些特点，多以其形态作缠枝
花纹，又极适合做边缘装饰。

图2-36　中西合璧太师椅

②"灵芝"形靠背太师椅

• "富贵平安"太师椅

靠背板立柱内沿饰联珠纹，搭脑中部为灵芝造型，镂空花板雕有葡萄、花瓶、牡丹，象征子孙绵延，富贵平安；扶手曲线和搭脑线形相呼应；座面下装花牙条，与扶手、靠背板相呼应，协和而灵透；步步高管脚枨，迎面枨下有脚牙，已损坏；牙条与角牙都做弯曲线形对称，很是灵活（图2-37）。

• "多子多福"太师椅

椅子搭脑两侧图案饰拐子纹，镶有连珠纹，连珠纹源于佛教。靠背上端为如意吉祥图案；靠背中间雕刻有花瓶和牡丹，寓意平安富贵；周边雕刻葡萄纹，寓意子孙满堂。椅子扶手为拐子纹，内饰桃子，象征福寿。两侧扶手齐平，略低矮，座面下采

用束腰，椅腿与牙板之间花牙连接，四腿间安步步高赶枨，椅子脚踏枨下装有牙板，线条简练，不仅美观，也使整体结构牢固。整件家具"寓美于物，若形若隐"（图2-38）。

• "欢天喜地"太师椅

椅子搭脑两侧图案饰拐子纹，靠背上端中间为如意吉祥图案，上雕刻有画案。靠背中间雕刻獾与喜鹊，"獾"与"欢"同音，用獾和喜鹊组合喻"欢天喜地"。椅子扶手呈拐子纹，内饰桃子，象征福寿。两侧扶手齐平，略低矮，座面下采用束腰，椅腿与牙板之间以花牙连接，四腿间安步步高赶枨，椅子脚踏枨下装有牙板，线条简练，不仅美观，也使整体结构牢固。整件家具"圆腾寄意，若形若隐"（图2-39）。

图2-37 "富贵平安"太师椅

图 2-38 "多子多福"太师椅

图 2-39 "欢天喜地"太师椅

③"M"形靠背太师椅

•"福寿双全"太师椅

椅子为柏木制。搭脑依刻画的涡纹分为四部分，与后腿上截弧线相交，韵律感强。背靠为一双钩，中部劈料做法，通过斜角榫与搭脑连接，视觉上与搭脑起到了很好的衔接作用。双钩形下雕一蝙蝠，口衔盘长结。盘长结为佛教八宝之一，象征回环贯彻，是万物的本源。盘长结两侧为草龙纹，草龙纹落在椅面大边上增设的直条上，直条上装饰向上的灵芝纹，后腿上截中段雕有团寿纹。整块背板采用镂空雕刻，显得轻盈玲珑；同时，依搭脑、后腿上

截、直条、灵芝纹、背板之间的架构关系，又显得空灵舒展。座面下有束腰，束腰处起炮仗洞形阳线。正面牙板中部突出，雕直线形云纹，中间嵌有一花，云纹中伴有连续数刀的半月形阴刻。侧面牙板雕曲线形云纹，原因可能为侧面牙板较短，不适合横向的直线形云纹（图2-40）。

• 嵌大理石太师椅

椅子搭脑呈对称的卷曲形，背板镶嵌圆形水墨纹大理石。圆形大理石背板通过桃纹透雕件与靠背立柱连接。椅背中间镶嵌了一块花纹独特的云石，云石圆盘两侧、下部及扶手均镂雕瓜果纹牙角，扶手呈"S"形；扶手下和座面下的牙板处也雕刻桃纹。落堂式座面，两前腿中下部分向内侧折，工字枨。椅子靠背、扶手和两前腿均运用了曲线形，较为少见。整体造型手法写实，通体髹透明漆，打磨光滑，包浆润泽（图2-41）。

图2-40 "福寿双全"太师椅

图2-41 嵌大理石太师椅

● "缠枝梅花"纹太师椅

浑然一体的透雕梅花椅背由四部分构成，云头形搭脑，背板浮雕戏曲人物纹。背板的厚度比立柱与搭脑的厚度明显减薄。扶手为如意纹样，卷曲的两端通过暗榫连接。迎面牙板上刻莲瓣纹，前腿间有草龙纹角牙。采用大漆涂饰，乌黑黝亮的梅枝，红漆为底的背板，涂金的梅花与戏曲人物，黑色与红色产生鲜明对比，同时以无色相的金色来调和，使得整个色系既生动活泼又沉稳大方（图2-42）。

● "戏曲人物"太师椅

带束腰；扶手为拐子纹；座面下四素牙板起阳线，雕有卷云纹、团寿纹；步步高管脚枨；背板以松枝为框架；立柱为枯梅枝。靠背平雕戏曲人物杨家将，有舞台形象的影子。表面髹漆贴金，已经褪色（图2-43）。

杨家将是国人喜闻乐见的故事，尤其以杨门女将替夫出征、巾帼不让须眉尤为脍炙人口，多编为戏剧流传。图中杨宗保与穆桂英交战，厮杀中互生情愫，刀兵做媒定下姻缘。与"缠枝梅花"纹造型结构装饰类似。

④ "山"字形靠背太师椅

● 灵芝纹太师椅

椅子搭脑下的横材看似由五小段连接而成，实际为一根方材，竖向的方材通过斜角榫连接上去。这样的做法既增强了靠背的受力强度，视觉上又保持了三片灵芝纹的独立，使靠背的空间显得空灵剔透。背板上截浮雕寿桃，中部雕蝙蝠和植物纹，亮脚部分透雕几何化的灵芝纹。背板旁安有卷草纹角牙。椅子扶手下安装一净瓶式构件，为上小下大样式。座面心板以一根穿带连接，大边可见穿带的榫头端面，这是比较传统的做法。采用束腰结构，束腰和牙板分做，四脚方正无线脚，前腿里侧有卯眼，可以推测此处牙子缺失。步步高赶枨，与腿采用直角榫结合（图2-44）。

图2-42 "缠枝梅花"纹太师椅

图2-43 "戏曲人物"太师椅

图2-44 灵芝纹太师椅

• 博古纹太师椅

椅子搭脑为一块整板，上浮雕蝙蝠纹，两翼为灵芝纹样。背板中部浮雕博古瓶，亮脚部分为垂灵芝纹。此椅的灵芝为自然曲线形，而图2-44"灵芝纹太师椅"上该部位的灵芝已经直线化了。从灵芝纹的演变规律来看，此椅的年代应该早于"灵芝纹太师椅"。扶手下也装净瓶式构件，为两头大，中间小。采用束腰结构，座面心板下有两根穿带，以明榫和大边相接。迎面牙板中部下垂，上浮雕卷草纹。牙板下牙子缺失。前腿内侧起阳线。踏脚枨下安装洼堂肚形牙板（图2-45）。

• "四季平安"纹太师椅（之一）

搭脑两端雕花叶纹样。背板上雕一鹿，口中含有一枝梅花，前后腿的连接处有螺旋形阴刻，下部雕博古图案，刀法圆润流畅，浑厚有力。椅子后腿上截产生向外与向后的扭曲，立体感突出，回纹的末端转化成卷草纹样。扶手也为回纹样式，一端为标准的样式，另一端异化成卷草形。束腰结构，迎面牙板中部下垂，与前腿连接处留有一定弧度，牙板上起阳线，组成灵芝纹，间嵌梅花纹。牙板下牙子为后配，步步高赶枨，四足阳刻回纹。此处回纹的完整程度为判定椅腿的磨损程度提供了参考标准（图2-46）。

• "四季平安"纹太师椅（之二）

太师椅在川西人们的生活中大量使用，通常用大漆作红或黑的髹饰或直接用原木色。搭脑多是曲线造型，装饰内容有吉祥纹、人物故事纹、生活场景纹。异形靠背主体纹样多以平面浮雕和透雕的手法来表现，靠背和扶手下常见拐子形构件。整体造型端庄稳重，显得落落大方（图2-47）。

图2-45　博古纹太师椅

图 2-46
"四季平安"纹太师椅（之一）

图 2-47 "四季平安"纹太师椅（之二）

（3）屏背椅

屏背椅为屏风式的靠背，一般高度较低，由攒框嵌板而成，多无扶手，背板下端两侧有站牙，整个靠背好似一座独立的座屏，是明式家具的一种式样。川作屏背椅的靠背通常施以简洁的线刻，显得古朴素雅。

屏背椅可以分三种，方形靠背、圆形靠背、弧形靠背。方形靠背的做法为四个边框攒接，内嵌一方形起堆肚的整板。圆形靠背的做法一般为三到五段弧形的线材拼成一圆形边框，内嵌圆形板材。弧形靠背的嵌板和边框平齐，看似一整块板向后弯曲。

• 屏背椅

此椅子靠背为独屏式，靠背上部稍向后倾，背板阴刻桂花和茉莉。在我国传统名花中，茉莉是熏茶花卉中的状元，桂花是食品配料中的状元。攒框式座面，有束腰，洼堂式牙条，方腿直下，四面平脚枨，前枨下饰牙板，四足饰回纹（图2-48）。

• 方形靠背屏背椅

此椅为独屏式背板，背板运用镶嵌技法；背板与座面之间的牙子为拐子纹。攒框式座面，椅盘框沿大倒棱起边线，洼式束腰，束腰下三面均为洼堂肚牙条，方腿直下，步步高赶枨，正面赶枨下安装饰有回纹的牙板。整体造型端庄优雅（图2-49）。

• 嵌云石屏背椅

此椅为独屏式靠背，背板嵌圆形云石，云石纹理自然；背板与座面之间的站牙为拐子龙纹。攒框式座面，有束腰，迎面为洼堂式牙板，迎面的脚枨、牙板、束腰和座盘的中部均统一向内凹；座面下两侧安素直牙板，方腿直下，前足端为内翻马蹄，脚枨前后低，两侧高（图2-50）。

此独屏椅保存良好，整体造型庄重成熟，纹理如鹧鸪翅的花纹，肌理致密，紫褐色深浅相间成纹，尤其是纵切而微斜的剖面，纤细浮动，予人羽毛璀璨闪耀的感觉，用手抚之，手感非常平滑，无受阻感。外形厚重，站牙为拐子龙纹，给人以一种威严、冷峻、咄咄逼人的霸气。

图2-48　屏背椅

图 2-49　方形靠背屏背椅

图 2-50　嵌云石屏背椅

• 弧形靠背屏背椅

此款屏背椅，靠背板外沿攒框，内部由三块板拼接而成，向后弯曲明显，靠背厚度随着弯曲弧度的增大而逐渐变细；椅脑中部凸出，高于两侧；靠背板上刻有竹子和文字；攒框座面，面芯为两块板拼接而成，通体髹黑漆（图2-51）。

图2-51　弧形靠背屏背椅

（4）灯挂椅

四川地区见到的灯挂椅大多带有分段式的靠背板。这类靠背椅三个方向都可以坐，不但可以倚着靠背正坐，还可以侧坐，把手搭在搭脑上，显得随意洒脱。在一些古代人物绘画中，可以看到一些描绘的人物，身着汉服，端坐在这种无扶手的椅子上，衣服从椅子两旁自然垂落，仪容显得端庄大方。

椅后腿上部向后弯曲，形成一定角度的背倾角，使人坐起来更为舒适。背板S形，与人体背部曲线相对应，符合人体工程学。背板雕有图案，美观大方。背板旁边的两条龙是中华民族的象征，寓意着吉祥图腾，回纹寓意吉利绵长。背板分为四部分。背板上面的花卉在枝叶下显得雍容华美，其次是两只鸟寓意喜上眉梢、玉堂富贵；中间是两个官人，寓意加官晋级，下面是祥云，寓意吉祥和高升。座面采用攒框镶板，下面是束腰，上面也雕刻了一些独立的花纹。椅腿之间是横档。整个造型给人以威仪与端庄之感（图2-52）。

图2-52　灯挂椅

（5）圈椅

圈椅在宫廷硬木家具中非常常见，却在四川民间家具中不多见。可能是由于木材的原因。民间家具常用软木，材质比较脆弱，因而在制作上尽量不切断木材的纤维，取直不取弯，而圈椅的扶手是弯的。因而，在民间家具中圈椅不常制作。下面二图为收集众多的椅子中很罕见的圈椅的实物样式。

● 圈椅（之一）

圈椅四条腿为四腿八叉样式，侧腿收分；因柴木不宜制作弯曲形，该椅的联帮棍和鹅脖为直线形。

图2-53　圈椅（之一）

背部立柱与鹅脖穿过座面与侧面横枨连接；靠背板似有折断痕迹；壸门券口；前后腿仿竹节家具做法，棱角光滑圆润，前后腿似一木弯曲而成；步步高管脚枨（图2-53）。

● 圈椅（之二）

椅圈连着扶手，从高到低一顺而下，坐靠时可使人的臂膀都倚着圈形的扶手，感觉十分舒适。后腿与靠背两侧立柱一木连做，立柱上部装有角牙。靠背板为三段式：上段雕如意云纹，中部雕仙鹤云纹，下部为如意云纹亮脚。椅盘边沿做双劈料。壸门券口。步步高赶枨，迎面枨下安有素牙条。造型圆婉优美，体态丰满稳健，颇受人们喜爱（图2-54）。

（6）官帽椅

和圈椅一样，官帽椅在四川地区也非常少有。南官帽椅的鹅脖、联帮棍通常都为弯曲形，对木材的韧性、弹性、弯曲性能等材性要求较高，当地取

图2-54　圈椅（之二）

材柴木不适宜做弯曲件。

• "双喜"纹南官帽椅

椅子搭脑中间高，两端低。靠背板分三段加以装饰，上段平雕双喜；中段中部镶嵌纹理明显的木板；下段为弧线形亮脚，整个靠背上部向后倾。扶手向外弯，下安联帮棍，扶手在交接处饰有角牙，落堂式座面，方腿直下，左、右、前腿间装壶门式券口牙板，步步高赶枨，后腿间有两根横枨（图2-55）。

• 四出头官帽椅

椅子为榆木制。搭脑中部宽厚，两头收敛向上卷曲，似牛角。背板攒框，分三段嵌板，上部一圆形阳线内雕两条相互追逐的长鼻草龙纹；中部方形阳线内雕梅花鹿，鹿身雕梅花斑；亮脚部分为壶门，与一般的壶门稍异的是底部两侧各延展出一曲线形阳线，如火焰状。背板、靠背立柱与搭脑连接处雕火焰纹牙子。扶手成曲线形，末端弯曲度大，延

续了搭脑粗犷的风格，与鹅脖连接处设有牙子。从侧面观察扶手，扶手头部延伸出座面很多，使得联帮棍和鹅脖都明显地向前倾斜，似乎一阵风正从此处刮过。无束腰，前腿间安有壶门券口，在横向牙板的壶门尖角处雕有一扇形花饰，使得壶门券口具有了洼堂肚的样式，集精致与大气于一身；在竖向牙板的内侧中段加了一灵芝纹，增添了券口线形的变化。前后腿间设有两根横枨。椅子涂过两遍漆，里层为朱漆，外层为黑漆（图2-56）。

（7）靠背椅

• 靠背椅（之一）

搭脑为罗锅枨式，靠背中部由四根圆锥形立柱组成，宽度刚好使之嵌入搭脑中部突出部位，呈S形弯曲；椅盘下正面安有带两个矮老的罗锅枨，侧面装素牙板；步步高管脚枨，迎面枨装有花边脚牙；整体光素，简洁大方（图2-57）。

图2-55 "双喜"纹南官帽椅

图 2-56 四出头官帽椅

图 2-57 靠背椅（之一）

● 靠背椅（之二）

搭脑成罗锅枨式，牙板平雕如意纹，牙板与前腿内侧起阳线，左侧脚枨断了。靠背板攒框，分三段加以装饰：上段阴刻灵芝；中段委角平雕神话人物，为天官赐福；下段平雕灵芝纹（图2-58）。

灵芝又有瑞芝、瑞草之称，古传说食之可保长生不老，甚至入仙，因此它被视为吉祥之物，如鹿口衔灵芝表示长寿，如意的头部取灵芝之形以示吉祥。道教神仙中有天、地、水三官，分管天下祸福。其中，天官名为赐福紫帝君，特别受到民间的崇奉。天官在道教之外也是很显赫的职位。《周礼》上就说天官是百官之长，史称"冢宰"。图中天官驾云而来，面露喜色，颇为传神。

● 靠背椅（之三）

座面站牙为卷云纹；霸王枨；牙板阴刻梅花纹云头纹；下有缠枝莲纹花牙；步步高管脚枨，迎面枨下装花边牙条。背板深掏镂雕荷花。荷花亦称莲花。那一茎双花的并蒂莲，是人寿年丰的预兆和纯真爱情的象征。莲花以它那美、爱、长寿、圣洁的综合象征，成为中国人喜爱的名花，因此常藉与"连"同音，组合在传统的吉祥图案中（图2-59）。

● 靠背椅（之四）

搭脑刻如意纹，曲线柔美；靠背板攒框，顶部为灵芝纹，中上部平雕梅花，下部刻瑞兽与兰花，寓意吉祥。带束腰；椅盘下四侧均为中部下垂洼堂肚式牙板；牙板与前腿之间装有拐子纹角牙；直方腿；步步高管脚枨（图2-60）。

图2-58　靠背椅（之二）

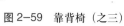

图 2-59　靠背椅（之三）

图 2-60　靠背椅（之四）

● 铁力木靠背椅（之一）

此椅搭脑形似如意，通过来往榫与靠背立柱连接。背板为一块透雕的平板，上雕一蝙蝠抱一古玉样式的圆环，环内透雕寿桃，环下通过花形叶与椅盘连接。靠背立柱与椅子后腿属一木连做，出座面处通过斜角榫与云纹牙子连接。椅盘心板采用落堂做法，色泽与大边、抹头稍异。座框周边有冰盘沿线脚，座面下无束腰。此椅最大的特色为靠背的圆环，环上光素无任何雕刻，仅在内、外沿各起一道阳线，古玉样式的构思增添了古朴高雅之感（图2-61）。

● 铁力木靠背椅（之二）

靠背边框由如意形搭脑和两立柱榫接而成，周围的佛手、浪花纹饰寓意多子多孙、安详与博大，中间的房子、花瓶的开光雕饰是这把椅子主要体现的寓意——"平安"。座面为木框嵌板结构，束腰下的牙条与两前腿为斜角榫接合（图2-62）。

铁力木靠背椅大多数的造型是上小下大，附上一些纹饰或者雕刻，让整把椅子看起来古朴高雅。

（8）中西合璧式座椅

鸦片战争之后，中国社会发生了深刻的变化，生活中使用的家具风格也受到了一定影响，出现了中西结合的西洋风格家具。这部分家具出现的原因有几点：一，西方列强在中国各地设立的领事馆的需求。二，来华经商的西方人和西方传教士的需求。三，早期留洋归国的华人的需求。四，洋务运动后，一些高官巨贾、买办炫耀自己高品位的需求。为了

图2-61　铁力木靠背椅（之一）

图2-62　铁力木靠背椅（之二）

适合西方的生活方式，这些人聘请当地的工匠，制作带有西洋风格又具有传统中式结构的家具。这个时期的西洋椅的制作，对于中西风格融合的水平比较高，其中不乏精品。

民国时期制作的椅子，明显的西洋化，反映了那个时期贫穷落后的中国人对发达富裕的西方文化的崇拜，厌烦了延续了上千年的死气沉沉的旧有样式。这个时期的椅子大部分不再采用传统的攒框嵌板结构，不再带有变化万千的线脚装饰，没有了束腰，没有了冰盘沿，没有了牙板，靠背与座面之间的关系不再是单一的直角，多数增加了倾斜度，让人倚靠更加自然、舒适；椅子部件常模仿西洋家具的部件形制，如车旋木、弯腿、工字形或"X"形拉档，纹饰或直接运用西洋花纹（蔓草、西洋花卉、宗教符号），或在西式椅的骨架上作中式纹样装饰。

四川地区现存的中西合璧式座椅多为民国制式，种类繁多，大致可分为中西合璧式靠背椅、中西合璧式扶手椅、"穿靴戴帽"椅、多人扶手椅（沙发

椅）等类型。

① 中西合璧式靠背椅

● 中西合璧式靠背椅（之一）

背板镂雕蝙蝠和瓜纹，构图却是西洋手法。瓜蔓上硕果丰肥，寓意"瓜瓞绵绵"。蔓瓜与万瓜同音，寓为瓜多籽多，万代之意，即一代接一代绵绵不断，反映国民期盼子孙世代繁衍、香火绵延不断的美好愿望。前腿及所有横枨都为纺锤式构件，侧脚枨为双枨，椅背下端横枨镂空，微微向下弯曲。安娜女王式，中西合璧明显（图2-63）。

● 中西合璧式靠背椅（之二）

椅子靠背向后倾。背板中上部为一圆形轮廓包嵌椭圆形樱木，椭圆形樱木高出轮廓。圆形外轮廓与搭脑连为一体，外轮廓有一小部分高出搭脑。樱木下背板平雕花卉及玉米纹，靠背板没有直下座面而是落在离座面不高的一横枨上。攒框式落堂座面，座面正面为木板，反面为软座面，为民国时期流行的两用座面：冬天用软面，夏天用硬面。前腿为车木作，后腿外撇，腿间工字枨（图2-64）。

图 2-63　中西合璧式靠背椅（之一）

图 2-64　中西合璧式靠背椅（之二）

● 中西合璧式靠背椅（之三）

背板镂空成几何图案，靠背板下装素直横枨；座面为马鞍形；前腿为直腿方锥足，侧脚收分，后腿向后弯曲，造型与前两把靠背椅相同；腿间横枨造型与西式工字形枨连接方式类似，只是前枨不在两侧横枨中间，位置较为靠前，形成"前枨后移"式工字枨；后腿一木连做，且顶端高出搭脑（图2-65）。

● 中西合璧式靠背椅（之四）

背板平雕西洋花卉纹，两侧装有车削立柱，靠背板下装素直横枨。前腿为纺锤式构件；后腿上截直，下截腿足部向前弯曲，与明清弯曲腿形不同，造型别致，另有一番韵味。"前枨后移"式工字形脚枨，后腿间横枨的高度低于其他三个横枨。新古典式家具（图2-66）。

● 中西合璧式靠背椅（之五）

搭脑阴刻西番莲纹，后腿一木连做，且与靠背板下端素横枨相连；座面为马鞍形；望板打磨成凹凸形状；前腿为车镟构件；后腿间横枨最高，其余三根在同一水平面，构成"前枨后移"式工字形脚枨（图2-67）。

● 中西合璧式靠背椅（之六）

背板镂雕西洋花卉纹，靠背板下装素直横枨。座面挖长方形洞。前腿做成雕刻有直线凹槽的圆柱，安在座面边抹对角线外端处，前腿间距大于后腿间距，呈八字形；后腿上截直，下足向前弯曲。工字型脚枨，后腿间无横枨（图2-68）。

图2-65　中西合璧式靠背椅（之三）

图2-66　中西合璧式靠背椅（之四）

图 2-67　中西合璧式靠背椅（之五）

图 2-68　中西合璧式靠背椅（之六）

● 中西合璧式靠背椅（之七）

靠背造型对称，形似蝴蝶，镂空部分较大，中部装饰有西式花纹。类似安装横枨的做法，背板与座面处留有一定间距。工字型管脚枨。座面为长条拼接。后腿下部三弯，腿足向前方弯曲，这是民国家具腿脚造型的典型样式之一。前腿间距大于后腿间间距，呈八字形。通体打磨光滑（图2-69）。

● 民国石榴纹小姐椅

小姐椅出现在晚清民国时期，为地主家中待嫁的女儿闺房中使用的，无扶手，做工非常精致与秀气，女性气息十足。图中的小姐椅搭脑为云纹灵芝式，内边缘饰一圈阳线，内部镂雕四叶花形卷草纹，显得舒卷飘逸，玲珑剔透。背板镶嵌一花几，上置一棱形花瓶，瓶内插一束盛开的菊花；花几旁有一成熟石榴，露出饱满的石榴籽，寓意多生贵子。石榴籽和花瓶的造型相协调，可见其中匠心。镶嵌部分涂朱漆，至今保持着鲜艳欲滴的红色，非常漂亮。扇形座面，前大边为曲线形（图2-70）。

图2-70 民国石榴纹小姐椅

图2-69 中西合璧式靠背椅（之七）

• "塔尖"椅

搭脑曲线行云流水，上面雕刻暗八仙图案，寓意长寿。靠背两侧边柱和后腿一木连做。边柱顶端采用欧式哥特式元素，仿建筑尖塔形，象征权势及威严。座面下牙板中部凸出下垂。前后腿、靠背处六根立柱和座面下横枨均为车削构件，两侧双横枨，后腿向后倾斜，前腿侧分，增加椅子的稳定性（图2-71）。

整件椅子将高耸、挺拔、向上的哥特式风格，与传统的中式吉祥图案相结合，显得婉约而华贵，与前面的扶手椅风格大不相同。

② 中西合璧式扶手椅

• 蝴蝶椅

此件家具有着女性般柔美的曲线，造型优美。靠背仿蝴蝶的翅膀，在两个圆弧相结合处采用浮雕手法将其连接。前腿直下，显得庄重大方；后腿则是上直下弯，腿足向前弯曲，具有稳定性，刚柔并济，给人一种能屈能伸的感觉。"前枨后移"式工字形脚枨（图2-72）。

图2-71 "塔尖"椅

图2-72 蝴蝶椅

图2-73　孔雀吉祥椅

图2-74　扶手椅（之一）

- 孔雀吉祥椅

椅子的搭脑成一个孔雀开屏状，寓意富贵堂皇、吉祥如意。靠背中间为简单的菱形镂空图案，靠背下方为祥云图案代表着祥和安宁。椅子后腿与靠背立柱为一木连做，扶手曲线而下，造型别致，转折处圆角光滑，舒适中又带有灵动的柔婉之美；扶手下方装有细小的弯曲构件，形似明式扶手椅上的鹅脖造型，用来支撑、加固扶手（图2-73）。

椅子构件曲直相间，简单大方，传达出一种吉祥的感觉。

- 扶手椅（之一）

背板由曲线缠绕而成，适度雕以花卉连接，极富立体层次感，造型简约而不简单。出头扁平素扶手，略带弧线，微微向内弯曲，下方装有三根车镟细柱，用以支撑。前腿上、下段为车镟构件，中部为四方直腿；前腿间距大于后腿。座面呈前宽后窄

的梯形状，两侧边有和扶手类似的弯曲弧形，一改明清方正椅盘的风格，且座面按比例向内缩放，高出椅框。"前枨后移"式工字形管脚枨（图2-74）。

- 中国结扶手椅

这件扶手椅靠背花纹有中国结的感觉，充满中国特有的吉祥如意情感，不同于图2-74中靠背图案的立体做法。这里的中国结是在同一平面上，由整块独板镂空而成。前腿间距大于后腿。座面做法与上面那张扶手椅相同。俯看：两扶手倾斜，向外敞开，外边线为直线，内边线为弧形弯曲，给人一种被拥抱的感觉。下方各安三根车镟立柱（图2-75）。

- 扶手椅（之二）

这件扶手椅与上面的中国结扶手椅形制基本相同，只是搭脑部分线形不同、背板处多了装饰。靠背开出的几何形亮洞中，镂出梅花形图案，显得纤秀俏丽。扁平素扶手，向内弧形弯曲，呈包围状；

图 2-75　中国结扶手椅

图 2-76　扶手椅（之二）

下方各安有三个车削立柱，起到支撑作用。受西方家具影响，管脚枨后移。后腿上截直向后倾斜，下截做成弧形，向后弯曲，使整体稳固。前腿间距依然大于后腿间距。梯形座面两侧弧形曲线圆润。椅子讲究对称原则，有序、大方（图 2-76）。

• 扶手椅（之三）

这又是一把和中国结扶手椅靠背板造型极为相似的扶手椅，搭脑正方是镂空云纹装饰，云纹正中有一透雕花朵，花朵下方缀有一颗小木珠。靠背板的镂空图形则与中国结扶手椅相同。扶手造型与图 2-76 中的相同，下方有两装饰立柱，形似两个宝瓶。座面与牙板错开，在视觉上给人错落感。椅子的前腿为车削立柱，后腿下截有略微的 S 形曲线（图 2-77）。

• 扶手椅（之四）

曲线型搭脑；车镟前腿；微曲扁平扶手，内侧与前腿相连接，外侧和前端空出；马鞍形座面，面宽，坐感舒适。靠背板连接在搭脑和横枨之间，靠背雕花图案由西洋花叶和圆等几何图形构成，花寓意美好，叶子代表着青春、健康；圆形代表团圆美满；圆内有一串联珠纹，联珠纹有平安、和谐之意（图 2-78）。

• 扶手椅（之五）

靠背板与扶手下立柱镂空；靠背板镶嵌在花形搭脑和靠背横枨之间；扶手扁平，呈 S 形弯曲，前端向外张；座面由多块平板拼合而成，攒于边抹之中；座框前部大边与前腿相交处有几何形角牙；前腿造型丰富，腿足渐小；"前枨后移"工字

图 2-77　扶手椅（之三）

图 2-78　扶手椅（之四）

形管脚枨（图 2-79）。

- 扶手椅（之六）

花形搭脑；背板镂雕西洋花纹，抽象简洁；扶手扁平，呈 S 形弯曲，前端倒有光滑的圆角，向外舒张；扶手下支撑镂空方胜纹；后腿为一木连作上截素直向后倾斜，下截作微微 S 形弯曲；座面高于座框边抹；前腿为车镟构件；"前枨后移"式工字形管脚枨，高度高于后横枨（图 2-80）。

图 2-79　扶手椅（之五）

图 2-80　扶手椅（之六）

● 扶手椅（之七）

靠背形状似花瓶，花饰多以花草为主，中间八边形内亦有花草组合装饰，其下除了有花草雕饰外，还有玉米、铃铛和流苏，远处看过去就像是一个面带笑容的女人形状，整个雕纹就是一幅百花争艳的美景图，给人一种生机勃勃的喜庆感（图2-81）。

靠背与座面之间的角度几乎是直角，与明清座椅相比变化并不大，但后腿则向后微微弯曲；和前腿一样，扶手也有优美的曲线，简洁而富有变化，带有明显的西方家具风格的影子；座面用三块板平拼而成，离地面较高；整体结构为榫卯结构，扶手与前腿的连接为方材丁字形结合；整件椅子的原料多为樱木。椅子的制作采用了做旧工艺，显现出一种古朴之感。

● 扶手椅（之八）

椅子搭脑两端不出挑，与后腿弧形相交。椅背顶端花纹透雕，形似孔雀尾翼，寓意生活五彩缤纷、幸福美满；中部浮雕花叶枝蔓和玉米形，寓意

着"多子多福"、"子孙万代"。扶手采用弧弯式，与前面的"孔雀吉祥椅"扶手造型相似，但下部移出椅盘，伸至座框抹头与之钉结合连接。座面面板呈梯形；前腿截面为半圆，后腿与靠背立柱一木连做，下截弯曲，形似三弯腿。椅腿间采用"前枨后移式"工字枨，使得整体结构牢固（图2-82）。

图2-81 扶手椅（之七）

图2-82 扶手椅（之八）

• 楠木靠背椅

整件椅子采用楠木作为原料。搭脑顶端雕刻一朵盛开的莲花，并用如意形与莲花瓣依次向搭脑两端递减；周围有佛珠装饰，寓意事事如意和多福，展示出主人洁身自爱的品质。座面攒框嵌板，面芯高凸，迎面大边上刻有竖条纹。前大后小向内弯曲式弧形扶手，下安曲线形薄板支撑构件。前腿直立，采用车削立柱式样，与扶手榫卯结合；后腿下截同样做成弯曲形式，使整件椅子看上去更加稳重、牢固（图2-83）。

• 扶手椅（之九）

背板平雕牡丹、西洋的装饰纹样。扶手下立柱及前腿为车镟构件。S形扶手，前端倒圆，向外舒展。前腿整体造型大体与上面的"楠木靠背椅"前腿的中上部分造型相似；后腿上截竖直，向后倾斜，下截微微弯曲。整体造型和其他中西合璧式扶手椅区别不大，较为突出的是，座面为两块竖向板材拼合而成（图2-84）。

图2-83　楠木靠背椅

图2-84　扶手椅（之九）

● 扶手椅（之十）

花形搭脑。背板花饰主要由花草和中部几何镂空图形构成，整体形似花瓶，两侧草叶形似草龙，中部形似如意的镂空图案将中部花草从中截断，中式图案在构图上却也带有西洋气息。马鞍形座面。前宽后窄扶手微微向内弯曲，其下装有车镟和圆柱两种支撑构件。前腿为直立车镟构件，后腿下截微微向后弯曲（图2-85）。

● "四季平安"扶手椅

花形搭脑。背板镂雕牡丹、博古花瓶、小香几，寓意富贵平安。S形扶手，前端倒圆，向外舒展，下面安装左右方向倾斜的支撑件，呈上张下收之势。前腿为以圆球足做结束的三弯腿，拱肩处平雕叶子。迎面下垂洼堂肚牙板，其上平雕西洋花卉纹。"前枨后移"式工字形管脚枨。通体批灰髹大漆（图2-86）。

图2-86 "四季平安"扶手椅

图2-85 扶手椅（之十）

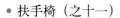

• 扶手椅（之十一）

搭脑和背板装饰类似前面的"中西合璧式靠背椅（之六）"，为西洋花草雕饰；扁平扶手，做成S形曲线，前端平直，微微倒圆；扶手下无支撑构件，整把椅子看起来更加通透、简洁；椅盘四周刻有直线凹槽；前后腿均为一木连做，前腿很粗壮，造型奇特（图2-87）。

• 扶手椅（之十二）

背板镂空部分为西洋花卉纹，竖直而下，直接与座面连接，靠背下部没有了常见的横撑。短小S形扶手，曲线光滑，下装竖向洼堂式支撑件，穿过座面板，伸抵两侧横撑并与之相连接。座面由四块宽度不一的木板拼合而成。素牙板下装有卷云纹角牙。座面下两侧横撑距离地面位置较高；后腿间横撑高度次之；迎面管脚枨与前两者高度差较大，距离地面很近，类似明清家具的管脚枨做法。前后方腿垂直而下，无任何装饰，显得干净利落（图2-88）。

图2-87 扶手椅（之十一）

图2-88 扶手椅（之十二）

● "戏曲人物"纹扶手椅与茶几

扶手椅：靠背板由透雕梅枝构成，中间镶人物戏曲图，为夫妻，红色衬底上露出人物，外施金粉已经黯淡；扶手向下倾，呈下滑势，扶手下三根立柱成月牙状车镟立柱，由高到矮排列，寓意着"步步高升"；马鞍形座面，由三块板拼合而成；前望板镂空雕刻几何纹花卉纹；侧脚枨与前腿连接，往后延伸到后脚枨；前腿为柱式，椅子的后腿与靠背一木连做（图2-89）。

茶几：上下组。上组四腿做成展腿式；望板开光成梅花形。下组为柱式腿，西式风格。十字型脚枨。高度不合适，观赏性大于功能性。

● 中西合璧式圈椅

圆弧形搭脑，与扶手连为一体，由高至低，顺势而下；背板镂空几何形图案，两侧各有一直棂，嵌在搭脑座面间；靠背两侧直边柱，做成上小下大

的锥状；扶手立柱做成S形弯曲状，和椅脑相交处有镂空的花牙；半圆形攒框座面；牙板中部下垂作膨牙状；S形弯曲前腿，粗壮有力（图2-90）。

这把中西合璧式圈椅，比传统明清圈椅要粗大，海派意韵比较突出。

● 巴洛克西洋扶手椅

此椅风格带有强烈的巴洛克意味，大块面，大弧度的曲线，显得奔放有力，同时造型结构还是中式传统样式，木质的靠背，木质的座面，扶手下连续的S形联帮棍，腿间的枨子，靠背的"开窗"做工，无不诠释着中式风格（图2-91）。

靠背图案为典型的葡萄牙巴洛克装饰，中间为一旋转的圆形盘，周围配置富丽的曲线花边。

此椅在中式井然有序的沉稳中融入了巴洛克豪迈奔放的动感。

图2-89 "戏曲人物"纹扶手椅与茶几

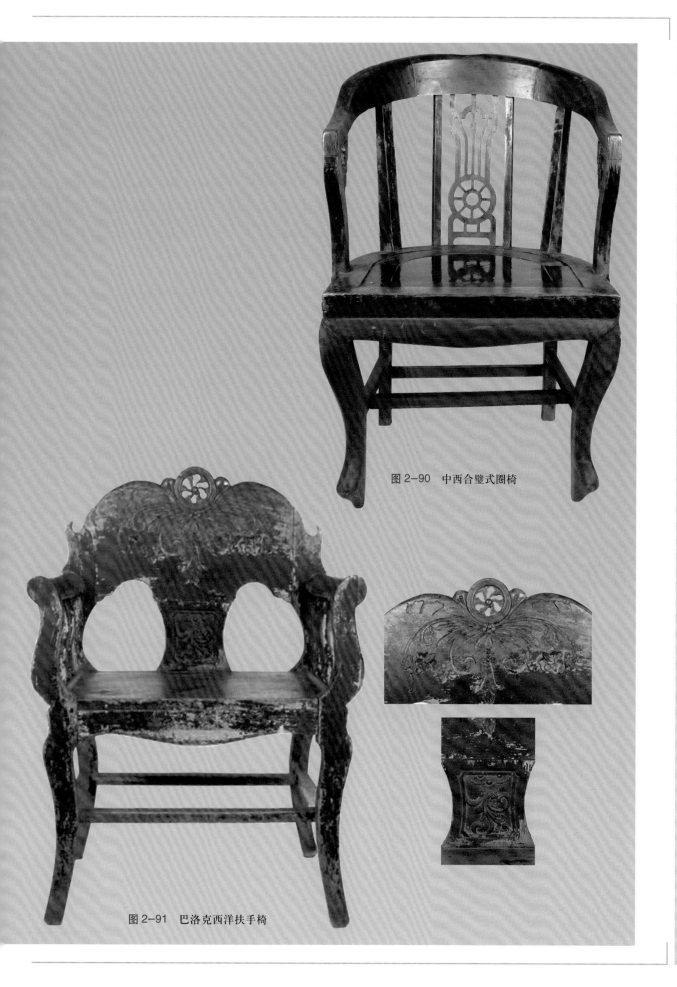

图 2-90　中西合璧式圈椅

图 2-91　巴洛克西洋扶手椅

③"穿靴戴帽"椅

民国时期还出现了一些颠覆传统的坐具形式，这类椅子我们称其为"穿靴戴帽"椅。

"穿靴戴帽"原指家具的起装饰性作用的顶部和底座是可以分离的。这类家具在这一点上模仿了西洋家具顶部和基座的装饰。说其"戴帽"，是因其高高突起的宽大的靠背顶板和略有倾斜的靠背；言其"穿靴"，是因为它还有各式略显弯曲和倾斜的椅腿。大多数这类坐具的后腿都略略向后撑开；前腿的形制有三弯腿，有类似猫型腿，也有略向前撑开的腿。靠背的大体都是由简约的横向板条或是纵向板条构成。整个坐具有欧式坐具的影子。

•"穿靴戴帽"椅（之一）

椅子搭脑及扶手出头，搭脑及靠背向后弯，靠背较一般椅靠背高，由两根横枨和五根直棂构成，略向后倾；S形扶手，鹅脖造型类似"断裂式"搭脑的做法，在中部转折错开，下端搭在座面及侧面的牙板上；座面由两块较厚的板构成，座面挖出适合人臀部的马鞍形状；变形罗锅枨紧接着牙板；前后腿腿足部分都有打挖，前腿足部向外撇；工字枨中每条横枨中部也都有凹槽；通体髹紫漆；造型借鉴了西方古典家具（图2-92）。

•"穿靴戴帽"椅（之二）

靠背与上面"穿靴戴帽"椅（之一）的背板相似，只是戴的"帽子"在尺寸上较高较窄，边沿线条更加光滑圆润；S形扶手前端平直，没有图2-92中的扶手倒角大，弯曲弧度也较小；长S形鹅脖将扶手与侧枨连接，下端伸出横枨；马鞍形座面由两块板竖向拼合而成；前腿为直腿，中部鼓起，方锥足；"前枨后移"式工字形管脚枨（图2-93）。

图2-93 "穿靴戴帽"椅（之二）

图2-92 "穿靴戴帽"椅（之一）

● "穿靴戴帽"椅（之三）

"帽子"上沿向上弯曲，下沿平直，两角出头。背板仅一根较宽的横枨，中部细两头宽，弯曲弧形贴合人体后背的线形，对腰椎起到有效的支撑作用；靠背造型让椅子显得更加通透、简洁。扶手与前面的"穿靴戴帽椅"（之二）相同，鹅脖粗大，伸出椅盘，与牙板连接。梯形下凹座面，迎面牙板下装有角牙，后腿与靠背两侧边柱一木连做，前腿直立，腿足处变细，向外撇。"前枨后移"式工字形管脚枨（图2-94）。

● "穿靴戴帽"椅（之四）

上扬搭脑，形似皇冠帽子造型；背板由四根直枨和底部一横枨构成，与前面的"穿靴戴帽"椅（之一）、"穿靴戴帽"椅（之二）不同，直枨直接与搭脑连接；马鞍形座面；变体壶门形牙板；前腿为洛可可式的三弯腿；"前枨后移"式工字形管脚枨（图2-95）。

图2-94 "穿靴戴帽"椅（之三）

图2-95 "穿靴戴帽"靠背椅（之四）

● "穿靴戴帽"椅（之五）

搭脑不出头，位于背部两边柱之间；背板上五根直棂直接与椅盘连接，靠背高度一般；扶手一木弯曲，通过座面连接到侧档；座面挖长方形孔；座面下仅有工字形脚枨；前腿为方腿，柱础式足，后腿向后撑开往外撇（图2-96）。

● "穿靴戴帽"椅（之六）

宽板弧形搭脑，侧边出头，有花形；背板和扶手下直棂均为纺锤式车削立柱，圆滑细长，长短搭配，排列有序；S形扶手，前端向下卷曲；曲面座面由数块板材横向拼接，连接在两侧的曲线边材中间，面板弯曲延伸至靠背，后与靠背板下横枨连接，前与膨出的壶门形牙板连接；前腿一木连做，花形曲线形似壶门，向两侧弯曲；工字形管脚枨；体量大，有笨重感（图2-97）。

图2-97 "穿靴戴帽"椅（之六）

图2-96 "穿靴戴帽"椅（之五）

• "穿靴戴帽"椅（之七）

背板为高出的素板，两侧竖板下移，顶端与靠背两边柱平齐，形成下部的梯形亮脚，整个靠背略

图 2-98 "穿靴戴帽"椅（之七）

向后倾，面板高度不一，有弧度；一木弯曲而成的扶手，穿过座面，伸至侧边横档；方直腿；前脚枨遗失（图 2-98）。

④ 中西合璧式多人扶手椅

多人扶手椅可供两至三人同时坐，其特点是实木框架，整体相连，有多靠背和四足腿，其上可放海绵椅垫，冬暖夏凉，方便实用，深受许多人的喜爱，故而又可称其为沙发椅。中西传统花式图纹表现尊贵、喜庆、祥和的主题，在体现古代生活风尚的同时又具备很强的实用性，是复古而有新意的一系列家具。

• 双人扶手椅（之一）

椅子搭脑无装饰，凸显出庄重大气之风；靠背稍微向外倾斜，由上而下是一木连做的两个方形；扶手和靠背采用暗榫连接，靠背边柱与扶手立柱间增加了与背板类似的构件，用以稳固和支撑长的椅圈；后腿和靠背边柱一木连做，后腿上部向内弯曲，为上方下圆形；壶门形牙板，下沿雕刻花形装饰；前腿细长，有着洛可可式的优美曲线，上部采用祥云纹进行装饰，有吉祥如意之意，底部凸出呈凤头状；整体采用曲线和直线结合的方式，与"中西合璧式圈椅"（图 2-90）的造型十分相似，突出了中式"没有规矩不能成方圆"的特点（图 2-99）。

图 2-99 双人扶手椅（之一）

● 双人扶手椅（之二）

靠背由两朵鲜花和一轮明月组合成图，花好月圆，花开富贵，象征着团圆美满，荣华富贵，两块靠背板，下部形成三个大大的镂空亮脚。前腿与扶手立柱、后腿与靠背边柱均为一木连做，弯曲造型相同，上部内侧凸起处还做出花角装饰；直扶手下安有三根弯曲棂子，造型与扶手立柱相同，排列有序，富有节奏感；椅面攒草席垫，给人以舒适之感；工字形管脚枨；此椅宽大俊秀，简洁大方，包浆圆润，通体花纹装饰，具有实用和审美价值（图2-100）。

● 中式三人沙发椅

此款中式沙发可供三人同时使用，具有我国传统的明清家具牢固的结构，自然的纹理，圆润而刚毅的造型。搭脑与扶手连为一体，一顺而下，向两侧张开；靠背略向后倾斜，背板的雕饰图案与图2-84的"扶手椅"（之十）相似，三块背板被两块直棂板均匀间隔开，直棂板上雕刻花草图案，靠背两侧边柱方直粗壮；扶手立柱车削构件，带有浓厚的西式建筑风格特点；有束腰；壶门形牙板上雕有优美的花草图案；三弯腿，马蹄外翻，腿足矮小，腿间无横枨；以中为主，以西为辅，中西元素结合协调，恰到好处（图2-101）。

图2-100　双人扶手椅（之二）

图2-101　中式三人沙发椅

（9）高背低座椅

高背低座椅在四川民间家具中也较常见，其整体造型较简洁，为凳子加一个靠背组成。

这类坐具的主要特征是在造型和结构上常模仿竹制家具，其坐高都在330 mm以下，搭脑伸出，靠背后仰，靠背外框不与靠背中板在一条直线上，而是从抹头中部穿过，落于椅子前、后腿之间的横枨上，使得靠背外框又兼有了扶手的功能。靠背长度相对坐高而言较长，靠背主要由若干有一定曲线弧度的棍条构成。坐具下半部分依旧沿承了中国传统家具的形制，有罗锅枨、矮老、踏脚枨、横档等。椅腿成"四脚八叉"样式，为了维持高背低座这种特殊形制的稳定性，四条腿向外张开的角度较一般的椅子要大。

这种椅子有着浓厚的生活居家意味，实用性强，可以坐在上面做些家务活，如洗洗衣服或是做些手工活等。今天依然可以看到四川人还在用与此形制类似的竹椅。

• 龙头搭脑带靠背矮椅（之一）

此椅制式为"四脚八叉"方凳加设一斜靠背，靠背搭脑中间厚，浅雕一花卉纹，两头收窄，向上挑出，雕鱼龙图案。背板由四根"S"形方材，通过高低错落的梅花小方块连接而成。靠背立柱仿竹子样式，竹节处雕数片竹叶。倾斜边挺穿过抹头，落在侧面枨子中间处，此做法借鉴了竹制坐具的结构，使得靠背结实牢靠，长久使用不易松动。座面攒框嵌板，面心采用落堂做法。座面正面与侧面均加设一宽条，类似于束腰样式，宽条在视觉上加厚座面厚度，使得座面和椅腿在尺寸上协调，显得敦实厚重，同时又不增加椅子的重量。前腿间安罗锅枨加雕梅花卡子花（图2-102）。

• 龙头搭脑带靠背矮椅（之二）

龙头雕刻得朴实、简练，整体显得比较粗犷。椅脑花边线脚；背板竖条上部内凹；罗锅枨；前后两根脚枨；侧腿收分。座面较矮，小巧可爱（图2-103）。

图2-102　龙头搭脑带靠背矮椅（之一）

图2-103　龙头搭脑带靠背矮椅（之二）

● 髹黑漆带靠背矮椅

椅子搭脑出头,搭脑中部向后弯,靠背呈 C 形,中间装一木板,上下透空,两后上腿呈弧形,直穿座面边框中部连接到两侧枨子上,座面落堂较大,座面下罗锅枨,上装两对矮老,罗锅枨下与两前腿饰两牙条,四腿向外撇,下安工字枨(图 2-104)。

● 暖冬椅

暖冬椅,民间通俗的叫法是:洗脚椅。这是民间很常见的一种椅子,座面比较低矮,方便洗脚用

的。四川这边很少出太阳,一般老年人冬日里喜欢坐这种椅子在院坝晒太阳,故叫"暖冬椅"。也有一种民间说法说是孝文化的体现,是年轻人为上年纪的老人洗脚而常用的椅子款式。该靠背椅带有明式家具的简练风格,多则显肥,少则显瘦。搭脑的曲度如波浪般流畅而温婉,其两端微微向上翘,圆润的两端不仅可以避免伤到人,更丰富了椅背的构形;背板由独木制成,小"S"形状的取形不仅适应了人体工程学的要求,更增添了整体的美感;靠背立柱与椅盘的结合堪称一绝;座面由数块板横向拼合而成,座面上有镂空的方孔作简单的修饰,极为自然;四腿八挓,工字形管脚枨,使得椅身更具稳定性;通体曲直结合、交相辉映,无任何雕饰,朴实而自然(图 2-105)。

图 2-104 髹黑漆带靠背矮椅

图 2-105 暖冬椅

（10）双人椅、拔步床马桶椅、箱子椅、罗汉床式座椅

① 双人椅

古代椅子的形制中包括几把椅子拼合在一起的样式，供多人并坐在一起。这种可供并排坐的椅子样式在中国古代出现的不多，苏州网师园藏有一把非常罕见的两人座的鸡翅木椅子（图2-106）。四川制作的这对椅子虽然不是整体制作，但可根据需要并在一块使用，显得更为灵活方便。此对椅子尺寸较一般的椅子大，长168 cm，宽58.5 cm，高54.3 cm（图2-107）。

图2-106　苏作双人椅

图2-107　川作双人椅

② 拔步床马桶椅

在川作民间座椅中，有一种椅子很特别，这种椅子通常和传统的拔步床配套，可以称为拔步床马桶椅。拔步床马桶椅最大的特征是座面以下为封闭的空间。椅子座面板为活动的，可开启，下置两根横枨。椅下的内部空间可以放置盛放小便的木桶（图2-108）。

古代夜间没有灯光，照明不好，在床附近放置这种马桶椅，方便夜间起夜。尽管离床很近，但一般是不会有太大气味的，因为马桶椅座面有盖，四周为封闭的空间，气味不容易往外扩散。

图2-108 拔步床马桶椅

③ 箱子椅

这既是一把漂亮的椅子，也是一个贮物箱，既可坐，又有收纳作用。它的靠背结构造型丰富，搭脑中部为一巨大蝙蝠，中部攒框面板上雕刻兰花，面板左右和下部攒接拐子纹；扶手卷曲，圆滑舒适；座面下是箱体结构，座面板上有拉手用手开启，可以贮物，充分利用了空间，又不影响外观。缺点是座面板上的拉手会影响坐姿，箱体结构没有容腿空间，舒适度不佳（图2-109）。

④ 罗汉床式座椅

此类座椅三面围板保留了罗汉床的形制，围板上雕刻精美的山水图案，足部为马蹄形，座面较高。座椅通体髹黑漆，图案处填朱漆，和黑漆形成对比，历经上百年的时间，依然保持着光亮的外表。此座椅的坐宽和坐深同普通椅子差不多，应为一个人独坐所使用的，与普通椅子用途一致，只是缺少腿间的踏脚枨（图2-110）。

图2-109 箱子椅

中国川作家具

图2-110 罗汉床式座椅

在古时候，这种罗汉床式座椅放置在屋内什么位置呢？从这类座椅的形制考虑，因其靠背围子较低，所以很可能是靠墙置的。因为从心理因素上考虑，一般靠背较低的坐具，人坐在上面向后依靠的时候，会有种不安之感，只有靠墙放置的时候，有了墙面的支撑，心理上才会有安全感。这和玫瑰椅的道理是一样的，玫瑰椅的靠背也很低，所以也是靠墙而置。

2. 凳、墩

（1）春凳

川作的春凳在尺寸上一般较长，有的长度可接近两米。春凳可以同时供多人并排落座，也可以充当卧榻或矮桌，是长条凳的一种，应用十分广泛，如用于厨房、户外，或用于堂屋中下首位，置两侧。

川作春凳的特点主要表现在座面下的腿部，腿型薄而宽，截面类似于长方形。其雕刻装饰部位主要集中在四腿的板面及腿中间的牙板上。通常四腿板面上有丰富的装饰，装饰图案常用卷草纹，装饰手法通常是雕刻与彩绘相结合。牙板上的图案常与腿部图案连为一体，流畅自然，同时由于腿部尺寸比一般腿型要宽很多，结合腿部的雕饰，从正面看

去，春凳的造型给人一种浑厚感。

春凳也是一类较能体现四川人民悠闲的生活气息的家具，人们在夏天乘凉、聊天、集会等场合经常使用。

● 鱼化龙纹春凳

凳面长条独板，正面两腿间用两段龙纹连接而成的壶门，壶门正中浮雕着双龙戏牡丹，造型精致优美。春凳的前后腿有别，前两腿造型是弯曲弧度很大的三弯腿；而后腿造型很简单，三弯腿上的花纹是鱼身兽面。凳面与腿直接用插肩榫连接，带有明清韵味。由此腿足和壶门之间就形成了一幅"鱼跃龙门"的景象，古时也有称此为"鱼龙变化""鲤鱼跳龙门"等，也是明清常见的装饰纹样，寓金榜题名、望子成龙、飞黄腾达之意（图2-111）。

● 川作春凳（之一）

凳面攒框，面板较宽，髹黑漆；无束腰；牙板宽大，中部下垂方形洼堂肚，刻有"双凤朝阳"纹饰，两凤相对，尾羽作三束，向上舒卷，于云端作侧平飞状；面板与腿足间有镂空卷草纹角牙；三弯腿上似雕龙纹，踩方形足，足上雕向日葵纹，凤凰在天，向日葵在地，均向阳而生，寓意和美、吉祥、

图 2-111 鱼化龙纹春凳

图 2-112 川作春凳（之一）

前途光明；腿足薄，侧边有横档支撑（图 2-112）。

● 川作春凳（之二）

洼堂肚牙板上刻有方胜纹，"胜"原为古代神话中"西王母"所戴的发饰，如四川出土的石刻画像，建筑之门楣就刻有"胜"的图案。座面板不出头，与四边牙板平齐，混面边沿；侧面为鱼肚券口，有横撑，腿脚侧面上部雕螭吻纹，下足上为莲花纹，正面为猛兽纹。以猛兽为原型加工后雕刻在家具上，使此春凳显得威武霸气，与整体的厚重沉稳风格相匹配（图 2-113）。

● 川作春凳（之三）

凳体宽厚沉重，座面平整光洁，四腿厚实，呈三弯腿形状，线脚优美流畅，于厚重中见轻灵。有束腰，牙板较为宽阔，雕有精美图案，两边是相互连接的花卉图，中间是人物戏闹图。腿部雕有远古神兽龙之子饕餮，双眼炯炯有神，霸气凶猛，气势恢宏。神兽下方还雕有云朵，表现出了神兽遨游九天的壮观景象。四腿下端为兽爪球造型，看似四条凳腿就像神兽的四肢，脚踏四方，刚健有力。整件家具显得比较厚重精美（图 2-114）。

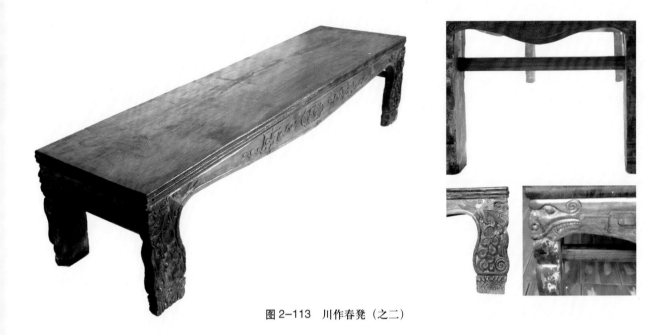

图 2-113　川作春凳（之二）

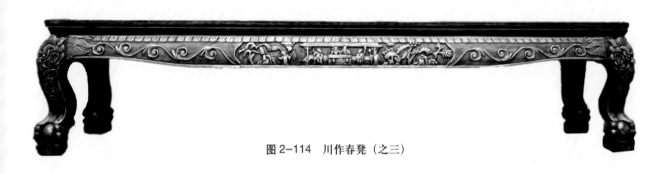

图 2-114　川作春凳（之三）

（2）方凳

· 仿古无束腰长方凳

长方形座面，攒框嵌板；冰盘沿下无束腰；素直牙板内起阳线，下有矮老，前后长边双矮老，左右两侧窄边单个矮老，矮老搭接在横撑上，横撑为双劈料做法；四腿间管脚枨在同一水平面交圈，外侧边沿同样做成双劈料型，与上部横撑相呼应；直腿内翻回纹马蹄足；线脚简练，比例适当，显示出明代家具的神韵（图 2-115）。

· 明式长方凳

攒框嵌板，边抹宽大，面心显小；有束腰；四周有牙板，中部下垂方形洼堂肚，其下有"断裂式"罗锅枨；直腿内翻马蹄足，四足稍有外张，结构稳固；全榫卯结构，无金属扣件，装饰简单，十分朴素（图 2-116）。

图 2-115　仿古无束腰长方凳

• 川作十字枨凳

此凳为正方形座面，凳面边沿曲线优美；座面下素直牙板窄小，矮老反而细长，矮老下横撑和上部四腿粗大，外圆内方，前后横撑外侧起阳线；凳腿较长，看起来像是一把正常的小矮凳把腿加长了；十字交叉式脚枨，脚枨和凳腿均为车木构件（图2-117）。

• 竹节方凳

正方形座面，攒框嵌装板心，裹腿劈料做法，无束腰；四围双矮老，下接"断裂式"罗锅枨，与四腿明榫连接；竹节式直腿圆足，高大粗直，四腿八挓；座面髹黑漆，下部为红漆（图2-118）。

图2-116　明式长方凳

图2-117　川作十字枨凳

图2-118　竹节方凳

• 长方凳

长方形座面，攒框嵌板，无束腰；洛可可式的三弯腿，内方外圆，曲线丰富优美，直接与座面连接，分上下两截，上方素直，下方三弯，外棱角朝向45度方向；洼堂肚牙板，弯曲线形恰与三弯腿曲线完美相接。此凳通体光素，造型简洁明快（图2-119）。

（3）坐墩

坐墩又名绣墩，圆形座面，鼓形，八面腔壁椭圆形开光。上下两端均为素边沿，弧形腿子与弧形牙板形成鼓腿膨牙，腿与牙板均起阳线且交圈。托泥下安八个龟脚。风格稳重且清秀，无多余装饰，是典型的明式绣墩（图2-120）。

图2-119　长方凳

图2-120　坐墩

3. 川作座椅的竹制特征

四川盆地适宜竹林生产，农家多用竹编制农具和生活用具。考古中，各地遗址多出土有竹器。从古到今，在四川各地都可以见到各式各样的竹器。

川作座椅有一个很大的特征是在扶手和搭脑的构件上，将一段直材的中间部位做成一种"断裂式"的错位，似由两段短材拼接而成（图2-121）。这种"断裂式"的做工和其他地区样式相比（图2-122、图2-123），在转折处几乎没有平滑的圆弧过渡，甚至可以见到圆材的横断面。

四川盛产竹子，竹子多节，似乎此种特点跟竹节有一定的关联，四川工匠斧下的"断裂式"做工就常和国画家笔下的竹节很神似，显得骨节苍劲、古朴，棱角分明（图2-124）。这种"断裂式"的特征常出现在椅子的搭脑、靠背边柱、扶手、扶手立柱部位。

此种"断裂式"竹节做工又什么时候产生的呢？图2-125中的椅子同样来自四川，搭脑和扶手都明显带有此种竹节特征，而从背板中雕的麒麟纹样来分析，大致可以推断这种做工的年代。刀法遒劲有力，把麒麟的俯身探头的力道刻画得淋漓尽致，麒麟身后

图2-121　川作椅子的"断裂式"搭脑和扶手

图2-122　河南地区椅子搭脑

图2-123　湖南地区椅子搭脑

雕的云纹为典型的清乾隆时期的灵芝云纹样式，而麒麟的足部为花瓣形，也为乾隆时期的典型样式，符合乾隆既好武功又好风雅之气的性格。由此可以推断，此种"竹节"民间川椅在清早期就已经存在了。

川作座椅不仅在细节方面体现了竹子的影子，在整体造型上也能看到仿竹制的例子。四川多竹，也多竹制家具（图2-126），有些木家具不只模仿竹节的形状，还借鉴了竹制家具的一些结构，显得颇有情

趣。图2-127中的仿竹制椅子比较典型，靠背边柱上还刻有带叶竹节。这把仿竹制椅的一大特征是模仿竹椅的结构，靠背两边立柱斜穿椅框抹头，落在前后腿间靠近椅盘的横枨上；椅腿为"四脚八叉"式，靠背较高，背倾角较大，而座高比较低，使得此种椅的坐姿比较放松和休闲，或坐着喝茶聊天，或坐着晒晒太阳，或坐着织织毛衣，很有生活气息。相同的制式还有仿竹结构的圈椅、靠背椅（图2-128）。

图 2-124　国画中的竹子形象

图 2-125　麒麟云纹太师椅

图 2-126　竹椅

图 2-127　仿竹制靠背椅

图 2-128　川作仿竹结构座椅

4. 川作座椅与其他家具、槅门、花窗的联系

在宋代，一些发达的大城市都有专门打造家具的作坊，而在农村，要打家具的主家，几乎都是先备好一定量的木材，放置一段时间干燥，使得木性稳定下来，然后再请当地的木匠来家里现场制作，制作的样式一般由木匠自己决定。四川一些手艺高的师傅在制作家具时，都会打造成套的家具，注重家具间的联系，追求一种整体风格。这种联系在川作座椅和茶几上表现得较突出。

在川作家具中发现很多一对椅子和一个茶几相配套的组合。在这种组合中，联系椅子和茶几的元素，有细部的造型特征和雕刻图案，使椅子和茶几产生相互呼应，形成一种整体格调。

图 2-129 和图 2-130 中川作椅子与茶几的设计，在椅腿的端部和茶几腿的端部都采用了相同的柱头样式，还有腿间的劈料格子枨、枨子椅腿间的镂空牙头，这些部件的风格都是一致的。

中国传统建筑以木结构为主，一般都用杉木、

图 2-129　川作座椅和茶几

图 2-130　川作座椅和茶几

樟木、楠木等，使用的材料和家具是一致的。四川地区一些富裕的封建地主阶级通常会用很长的时间和精力修建自己的宅院，通常在建造房屋的同时就考虑屋中所要制作的家具，因而川作家具从制作之初就和四川民居有了血缘关系。从造型样式和装饰图案来看，川作座椅和当地民居中的门窗关系非常密切。

川作梳背椅中的靠背和扶手下连续排列的圆材，和宋代大量应用的直棂窗有很大关联。直棂窗在汉代就已出现，是中国传统建筑的一大进步。

川作座椅中的攒框嵌板靠背板，尤其是四段攒框嵌板的样式，和四川民居中槅门的样式构造有着异曲同工之妙。古代槅门一般由抹头、绦环板、槅心、裙板、边挺各部位组成，依据横向抹头的数目可分为五抹头、六抹头槅门。四段攒框嵌板，一眼看过去，就能让人联想到四川民居中的五抹头槅门。可以想象，在四川民居的槅门前，放置这样一把椅子，是多么的完美和谐（图2-131）。

川作椅子前腿间的迎面枨常采用的格子样式，和四川民居的格子花窗很类似。川作椅子的迎面枨和四川民居的格子花窗，都为劈料式做工（图2-132）。

图2-131 川作攒框嵌板和四川民居槅门

图2-132 川作格子枨和四川民居花窗

二、川作承具类家具

1. 桌

桌子用途非常广泛，是家庭生活的必需品，川作桌子的种类和形制十分丰富，方、圆、长、短、大、小、高、矮，不一而足。

（1）方桌

方桌是四川地区最为常见的桌类家具。方桌的四边长度相等，尺寸小的俗称"四仙桌""六仙桌"，尺寸较宽大的称为"八仙桌"。"八仙桌"在四川地区十分常见，这种桌子每边可坐二人，四边共可合坐八人，故取名"八仙桌"。

四川地区方桌的基本造型可分为有束腰方桌（图2-133）和无束腰方桌（图2-134）两种。在基本造型的基础上，又有不同的细部处理，如：桌腿的形式有方有圆；腿部有直脚、勾脚；腿枨结构变化丰富，有一腿三牙形式、罗锅枨加卡子花或矮老形式等。

图2-133　川作有束腰带抽屉方桌

图2-134　川作无束腰方桌

① 束腰带花牙内翻回纹腿方桌

该方桌长915 mm，宽915 mm，高825 mm，整体髹红色漆，桌面及边角处漆大部分已脱落。桌面边缘已形成一层薄的包浆（图2-135）。

桌面面心由三块拼板构成，面心板与边框靠通榫连接。冰盘沿下矮束腰，牙条浮雕祥云纹，牙条两端起阳线，顺足而下，直至内翻回纹足。腿间横枨两端及中间雕拐子纹。牙条与横枨之间安装寿桃形卡子

花，两端拐子纹下边有弧度柔和的牙子，用于装饰。

② 古旧楠木方桌

方桌长635 mm，宽635 mm，高585 mm，为楠木制，表面涂饰暗红色漆，大部分已经脱落。形制小巧，用料齐整，朴实无华。桌面由三块板拼成。冰盘沿下起阳线，矮束腰，与牙条一木连作。牙条与横枨间有整块板连接，增加了方桌的厚重感。桌腿两边起阳线，内翻马蹄足（图2-136）。

图 2-135　束腰带花牙内翻回纹腿方桌

图 2-136　古旧楠木方桌

③ 柚木折叠方桌

此方桌长 865 mm，宽 865 mm，高 780 mm。整体样式偏西洋化，最突出的特点为桌面四角可折叠，变成八角桌。桌面由四块木料拼接而成，有冰盘沿线脚，棱角明显。无束腰，桌面四周中间

部位装有小抽屉，由此可推知该桌为棋牌桌。桌腿均采用车木造型，椅腿下部有 S 形枨，枨子相交于镟木立柱（图 2-137）。《中国民俗家具》一书中出现过与此极为相似的桌子，书中称之为折叠棋桌。

图 2-137　柚木折叠方桌

④ 竹节腿四周雕花方桌

该方桌长 925 mm，宽 925 mm，高 760 mm，比一般的方桌要矮。漆层脱落严重，共两层漆，外黑里红（图 2-138）。

方桌面心由三块不等宽板拼接而成，背面两根穿带。其中一大特色是运用浅浮雕、透雕等雕刻技法对方桌进行装饰，且雕刻纹样繁多。冰盘沿下束腰上浅浮雕规则排列点线纹；牙条上雕拐子纹、太阳纹及寿字纹，装饰性极强。罗锅枨两端雕拐子纹，下部连有花角牙，雕成寿桃形，寓意多寿。罗锅枨上部正中有透雕的三多图，寓意多富多寿多子。桌腿中部略向内凹进，为四川典型的"断裂式"作法。方桌四腿较短，推测可能是足部磨损较多或腐烂，故后人将四足底端截掉一部分继续使用。

⑤ 拐子龙内翻回纹腿方桌

此方桌长 930 mm，宽 930 mm，高 825 mm。方桌面板为木框嵌板结构。冰盘沿下束腰平直，顺足

而下，比较特别。横枨雕拐子龙纹，内翻回纹足。通体髹大红色漆，漆层较厚，局部有开裂和脱落。柴木制作，较为粗拙（图 2-139）。

⑥ 回纹腿卡子花方桌

此方桌长 850 mm，宽 850 mm，高 805 mm。桌面为攒框嵌板结构，面心由两块板拼成，背面两根穿带，桌面光素，有束腰。特别之处在于牙条并非一块整板，而是由三块短板与上下相接，左右两板透雕成鱼肚纹，虚实相间，空灵通透。腿间罗锅枨边部起阳线，端部攒接变形的拐子纹，另有玉璧纹卡子花，牙角有缺失，桌面起双宽皮条线，内翻回纹足。整体髹暗红色漆，漆身部分脱落，但基本造型保存较好，韵味犹存（图 2-140）。

⑦ 半圆腿拐子花纹方桌

此桌长 810 mm，宽 810 mm，高 810 mm。桌面由四块不等宽的板拼成。背面两根穿带，无束腰。四腿与桌面双透榫结合，故桌面四角位置均匀分布八个小

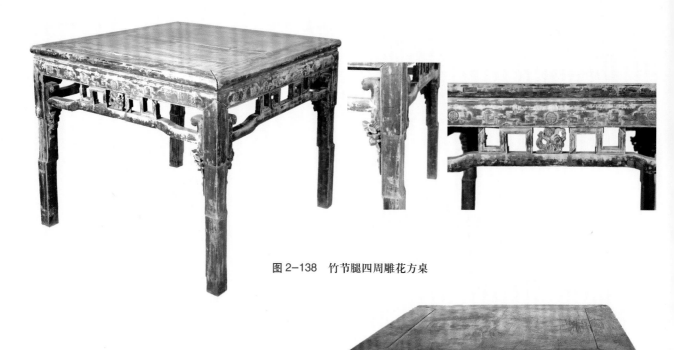

图 2-138　竹节腿四周雕花方桌

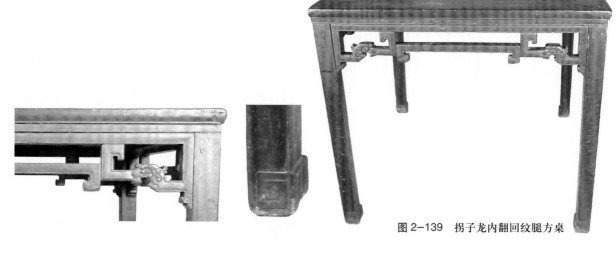

图 2-139　拐子龙内翻回纹腿方桌

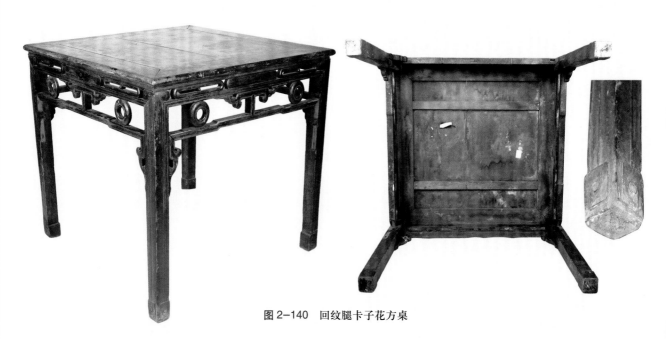

图 2-140　回纹腿卡子花方桌

透榫。腿间横枨两端雕拐子纹，桌面与横枨之间为交圈，桌腿较粗，外圆内方，垂直落地。方桌整体髹红漆，局部大漆脱落、刮花，无明显变形（图2-141）。

⑧ 古旧小方桌

此方桌长790 mm，宽790 mm，高800 mm。此桌一大特色是其桌面可与桌腿完全分离，方便组装

和搬运。面心由三块板拼接而成。冰盘沿，线脚简单。桌面四边各有一个小抽屉，位于边部正中，由此可推测此小方桌主要供日常打牌等休闲所用。桌腿车镟木制，双十字枨连接。小方桌整体髹暗红色漆，桌面漆已剥落，无过多装饰图案，简单实用。保存尚好，无明显缺损变形（图2-142）。

图 2-141　半圆腿拐子花纹方桌

图 2-142　古旧小方桌

⑨ 明式方桌

此方桌长935 mm，宽935 mm，高875 mm。面板为攒框嵌板结构，光洁素雅，用料整洁。整器朴实无华，俊秀挺美，漆面光泽仍在，具有鲜明的明式家具风格（图2-143）。

桌面底部有一根穿带和垂直于它的另外两根穿带与四周框架榫接，分散了桌面的压力。冰盘沿，有束腰。桌面下的罗锅枨是四川典型的"断裂式"作法，罗锅枨上有四根圆柱形矮老，起加固作用。

圆柱形腿，桌腿略向外张开。桌腿与罗锅枨以贯通榫接合。整体造型为典型的明式家具式样。

⑩ 大方桌

此方桌长920 mm，宽920 mm，高870 mm，保存完好。整体涂饰以黑漆为主，抽屉面板涂以红漆，并雕刻植物花卉纹样。桌面四周攒框，面心为整板，桌面下前后两侧各有两个抽屉，铜拉环与面板所雕花卉纹样巧妙融合，浑然一体。桌腿与抽屉下横枨之间装花角牙子，牙子尺寸较小。足部为方形回纹足（图2-144）。

图2-143 明式方桌

图2-144 大方桌

（2）圆桌

圆桌的桌面呈圆形，圆桌寓意团圆和美，又因颇符合周而复始、生生不息的中国古代哲学精神而受到人们的青睐。四川民间桌类家具中的圆桌也有多种不同的类型，较为常见的形式有两种，一种是腿足直接落地，另一种是腿足落于托泥上。

腿足直接落于地面的圆桌根据腿足数量的不同，可分为四腿圆桌和六腿圆桌。四腿圆桌的桌面尺寸一般较小，桌腿一般为直腿或三弯腿造型，这类圆桌最大的特点是四条腿足之间多用"异形枨"与一块圆板或圆柱的组合形式进行连接，整体光素或仅在局部做小面积浮雕装饰（图2-145）。六腿圆桌的桌面尺寸一般较大，整体装饰复杂而华丽，装饰部位集中在桌面下的环形牙板和六条腿足上（图2-146）。

图 2-145　川作四腿圆桌

图 2-146　川作六腿圆桌

　　带托泥的圆桌是最能体现川作风格的桌类家具，主要分为有束腰和无束腰两类。桌面下一般有加宽的望板，在视觉上消除了桌面的单薄感，看起来厚重平稳。桌面设高束腰形式，整个束腰用多块雕花板攒框围砌而成，雕花饰以彩绘，这种攒框嵌板组合在多种川作家具上使用，装饰效果极好。圆桌的腿型多样，不论是直腿还是三弯腿，都由桌面下各种结构层层向内递减，收拢到家具桌面内侧。桌腿下设环形花格托泥，托泥外沿在水平面上超出腿部外沿，略小于桌面外沿，或几乎与之平齐，成为川作桌具不同于其他圆桌的特色之处（图2-147、图2-148）。

图2-147　川作带托泥高束腰圆桌

图2-148　川作带托泥无束腰圆桌

半圆桌也称为月牙桌或半桌，可单独靠墙放置，桌下施三足或四足。有的半桌可两张拼成一张圆桌，如图这种圆桌共有 6 条腿，合起来后分别有 2 个腿重合，从而在视觉上造成只有四条腿的假象（图2-149、图2-150）。

（3）长桌、条桌

长桌和条桌均为长方形桌面的桌子。长桌也叫长方桌，它的长度一般不超过宽度的两倍。长度超过宽度两倍以上的一般称为条桌。长桌和条桌的基本造型可分为有束腰和无束腰两种（图2-151）。图中左侧条桌无束腰，牙板用螺钿镶嵌，下方用回型横枨支撑，腿底部为内翻马蹄。右侧长桌腿底部为内翻马蹄。右侧长桌面板边沿有线脚，正、侧面均为劈料做法的罗锅枨与带角牙的矮老相连。束腰下牙板浮雕莲瓣纹，雕工细腻，直腿落地带线脚，腿部上端叠落式造型层层递减至牙板交接处相连，做工极为考究。

图 2-149　川作半圆桌

图 2-150　两张半圆桌合成的圆桌

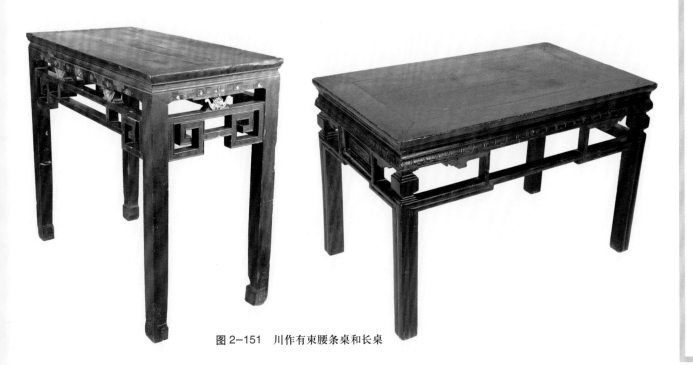

图 2-151　川作有束腰条桌和长桌

（4）矮桌

四川地区的矮桌，类似北方的炕桌、炕案和炕几，都是在床榻上使用的一种矮形家具。它的结构特点多模仿大型桌案。矮桌是一种接近方形的长方桌，它的长宽比差距不大（图2-152）。

图2-153中的炕桌长725mm，宽725mm，高390mm，造型较为独特，线型干净利落，腿间牙条装饰恰到好处，挂牙与牙条相呼应。桌面光洁素雅，用料齐整。重点突出的部位是腿及牙条，炕桌腿部雕刻重复的直线纹，牙条由多个S形短木攒接而成，直线和曲线的搭配使用使整张桌子具有一种节奏感和韵律美，既有直线的稳重，又有曲线的灵动，动中有静，静中带动。

图 2-152　川作矮桌

图 2-153　川作炕桌

（5）书桌

书桌和一般的八仙桌、条桌等不同，它是为士大夫读书人"量体裁衣"精心定做的。故在数量上并没有其他桌类那么多。书桌的造型是清代以后才出现的，它经历了明代的案到清代的桌，再到民国的写字台的演化过程。

● 二屉书桌

此桌长 870 mm，宽 425 mm，高 815 mm，清秀干练，无过多装饰，却透露出一种典雅大方的气质。桌面直接与抽屉框架相结合，无束腰；下部两层搁

图 2-154 带搁板双抽屉方桌

板与三节车木桌腿相连接，增加了整体的层次感和韵律感（图 2-154）。

● 三屉书桌

此书桌长 1 470 mm，宽 655 mm，高 880 mm，窄而长，并排三个抽屉，棱角分明，刚劲有力。装饰简单，做工精细。通体涂饰暗红色漆，抽屉面板漆色较为明亮，局部漆层已脱落。桌面中部略有下凹，冰盘沿，矮束腰与牙板一木连作，牙板起阳线，抽屉框架有内凹形线脚，桌腿为回纹内翻马蹄足（图 2-155）。其特别之处在于中间抽屉左右各有一车木挂落，这是对欧式风格的一种模仿，故推断此书桌的年代应该是清晚期至民国时期。

2. 案

案与桌在造型上最大的区别是案的腿足不在四角，而在案的两侧向内收进一些的位置上，案两侧的腿间常镶有雕刻各种图案的板心或各式圈口。四川民间传统案类家具按造型分有平头案、卷书案、翘头案等，按用途分有书案、画案、供案等；同时因为四川地区产竹，人们喜竹，故还有仿竹节造型的案。

● 玉璧纹平头案

此案造型别致，做工精细。面板用厚板直接三拼而成，案面两头嵌端部分系后补，因修复工艺的粗糙，反衬出先前制作工艺的精致。

图 2-155 三屉书桌

案腿用方形材仿圆腿的车削做法，上端雕西洋花纹。两腿之间，牙板中部作双玉璧纹装饰，自然延伸至案面与腿部，整体造型疏朗有致（图2-156）。

• 乌木嵌瘿木双龙戏珠纹卷书案

案面用乌木攒框，分三段嵌瘿木而成，至两端下卷，卷书部分雕饰螭龙纹。案面下，牙板正中雕"双龙戏珠"纹，寓意吉祥好运（图2-157）。

• 翘头供案

大多旋转在宗祠寺庙，用于祭祀时放置祭器，起源于商周时代礼仪祭祀的用具组和禁。此案做工讲究，造型简洁大方。案面两侧安翘头，翘头下挂花形角牙。案面下攒框，分三段典型瘿木而成。供案的腿足前后有别，两前腿为弯曲弧度较大的三弯腿，后腿收敛线条简洁。正中的壶门牙条和腿上的弧线连成一体。整体无过多装饰，装饰线条流畅，兜转有力，让人赏心悦目（图2-158）。

• 仿竹节平头案

四川为产竹大省，有丰富的竹资源，很多已成为非遗项目的竹加工技术对家具制作的影响很大。这件仿竹节平头案，通体仿竹节纹，竹节细部的雕刻精细，惊叹于四腿落地的竹根造型，如同自然生长而成，几乎可以乱真，虽是模仿，但非常有竹器的神韵（图2-159）。

图2-156 玉璧纹平头案

图2-157 乌木嵌瘿木双龙戏珠纹卷头案

图2-158 翘头供案

图2-159 仿竹节平头案

3. 几

四川民间的几类家具主要有茶几、香几、矮几、边几等，其中以茶几最为常见。茶几经常以与一对椅子相配的形式出现，通常情况下设在两把太师椅的中间，高度相当于椅的扶手高度，用以放置杯盘茶具，其上的图案纹样、雕刻手法通常与和其相配的椅子一致。四川地区的茶几，还常于几面下再置一搁板，一方面，搁板起到加固结构的作用，另一方面也增加茶几的置物空间。

图 2-161　川作茶几（之二）

图 2-160　川作茶几（之一）

图 2-162　川作茶几（之三）

图 2-163　川作茶几（之四）

如上页四张茶几中的第一张几（图2-160），整体造型严肃笨重，冰盘沿下方镶箱体结构，板面起阴线，下方圈口牙条以曲线装饰，随后搁置一较矮的搁板，通过牙子结构承重，置内翻马蹄足并用四根拐型横枨相接。而第二张几（图2-161）比较光素，无束腰和冰盘沿，最具特色的是用拐子纹做横枨和牙条，整体和谐有度。第三张几（图2-162）带有广式的特点，通体采用榫卯相接，几面无素腰但起线装饰，几面下方镶矩形凸牙板，下方横枨用雕刻的挂落式的回型云纹做牙子，整体造型优美。第四张几（图2-163）带有明式遗风，虽缺少了一个横枨，但整体风韵保存了明式家具简洁素雅的特质。

对于香几来说，陈设在室内主要是为了在其上摆放一些瓷盘、花瓶或香炉等器物，达到美化室内环境，满足生活需要的目的。四川民间的香几大多成对使用，高度在90~100厘米之间，腿型以直腿为主，部分香几会在几面下设花板装饰或增设抽屉增加其使用功能。

下图中的第一张香几（图2-164）与其他香几相比，最具特色的就是倒梯牙板。第二张香几（图2-165）如同两张小香几搭接而成，具有浓郁的海派风格，上方为外膨的三弯腿足，下方是车销倒锥型腿部，以X横档连接，整体造型大胆，对比强烈，属罕见之品。第三张（图2-166）具有广式风格，冰盘沿的箱体型牙板下方通过镂空雕花型圈口进行装饰，整体优美典雅。第四张香几（图2-167）整体造型俏皮可爱，更加注重储物功能，上方置一小型抽屉，方便放茶的用具，下方腿部中间镶一大箱，增强了稳重感也方便了储物。

图2-164　川作香几（之一）

图2-165　川作香几（之二）

图2-166　川作香几（之三）

图2-167　川作香几（之四）

4. 台

台原本是指建筑的形式，用土筑成的方形的高而平的建筑物，从至，从之，从高省，与室屋同意。按积土四方高丈曰台，不方者曰观曰阙。《说文》："台，观四方而高者。"《楚辞·招魂》曰："层台累榭，临高山兮。"在家具中，指桌子、案子等有光滑平面、由腿或其他支撑物固定起来的像台的凭靠平台，用于家庭生活或某种工作。如写字台、梳妆台等。

（1）写字台

明代文人书写作画是在书案上进行的，书案采用的是案式结构，没有抽屉，只是面板比一般案宽了许多。清代的书桌，采用桌式结构，桌下开始设置抽屉，方便了文人墨客的写作、读书及存放小物件。到了20世纪上半叶，西欧家具的引进加大了桌面的面积，使得看上去更像一个台子，于是有人又称其为"写字台"，同时"写字台"在桌面下增设抽屉和柜子，大大增加了收藏空间。

清代时期四川地区的书桌在造型上开始带有抽屉，在装饰上仍延续了明清时期传统家具的装饰；到了民国时期，则在造型上较多地借鉴了欧式"写字台"，除了安有抽屉外，还经常在桌下一侧安有一个柜子，在

图 2-168　川作民国时期写字台（之一）

图 2-169　川作民国时期写字台（之二）

装饰方面也借鉴了车旋木构件、圆拱形、西洋花卉等欧式装饰元素，呈现出的是将西洋造型和本土制作工艺结合的一种家具样式（图 2-168、图 2-169）。

图 2-170 的这张写字台长 1 095 mm，宽 530 mm，高 790 mm，干练稳重，大方得体。此写字台基本可分上下两部分，上部为台面和抽屉，下部为桌腿和工字枨。台面直接与整体框架相接，且表面留有通榫孔；桌腿为西方柱式造型，车木构件。通体光素，只在台面下方横档处及桌腿上饰以简单的西番莲和几何纹样。

图 2-170　写字桌

（2）梳妆台

梳妆台是女性的专用家具，综观中国传统家具的历史，有方桌、长桌、半桌、琴桌、条桌、圆桌等，但是没有专门用于女性的梳妆桌，当时的女性梳妆之桌，就是卧房里的长条桌或方桌，使用时在其上放置镜箱或镜台。它们不是独立的家具，而是依附于其他家具上的器件。

从搜集的川西地区的梳妆台看，川西地区的梳妆台外形轮廓以西式家具为原型，有哥特式、巴洛克、洛可可、新古典主义等风格，在用材、装饰图案和装饰工艺上则结合了本地的特色。

川西地区的梳妆台在造型风格和其上所雕刻的纹饰这两个方面，与上海、天津等地民国时期妆台的做法基本一致，都是中国工匠经过精心构思制作出的中西结合的产物。但是和海派的梳妆台相比，川西梳妆台有几个较为明显的特点。一是用材，川西地区的梳妆台多以本地产的柏木、楠木等为材料，而上海地区多见红木类贵重的木材；二是彩髹，川西地区的梳妆台在髹饰上经常采用川西当地的彩髹工艺，彩髹部位往往集中在镜子的周围，彩髹工艺给梳妆台增添了浓浓的川西特色；三是气质，川西地区毕竟在当时经济和文化上与上海地区有着差距，所以虽然在梳妆台的造型手法上与海派家具十分相似，但是因为用材和工艺的原因，上海地区的梳妆台有着较浓的摩登感，相比之下，川西民间制作的梳妆台显得亲切古朴，有着更浓厚的民俗气息。从川西地区民国时期风格各异的梳妆台中我们不难看出，川西地区虽偏居一隅，但是对外来文化仍然有着非常包容和积极的吸收态度。

① 黑漆彩绘荷莲梳妆台

此梳妆台由镜架和桌体两部分组成。镜架中间镶一面椭圆形镜子，围绕镜子周围有两层纹样装饰，里层为连珠纹，外层为波浪纹。镜架下方做开光处理。镜架上的雕刻纹饰均采用了四川地区常见的彩髹的装饰手法，运用了红色、绿色和金色的搭配。花纹上明亮、鲜艳的色漆与整体庄重、深沉的素黑

图 2-171 黑漆彩绘荷莲梳妆台

漆形成对比，相得益彰，富有层次感（图2-171）。

桌子桌面呈凹字形。整体采用对称造型，桌面上方左右各安两个小抽屉。抽屉侧面采用圆弧造型。抽屉侧面和第一层抽屉面板布满竖向和横向的凹槽作为装饰。桌面冰盘沿，侧沿采用波浪纹和打洼装饰。桌体中间分为两层，下层设抽屉，左右两边各安一个柜子，柜门上雕刻对称、规整的花草纹和几何纹，带有明显的西方特色。桌子下方为洛可可风格的三弯腿，四条腿采用工字形枨连接，以增加整体的牢固度。

图2-172中的红木素雅梳妆镜的形制与图2-171中的梳妆镜没有太大区别，但整体较为光素。面板没有雕花和髹漆等装饰，由镜架与桌体两部分组成，上方镶一面椭圆形镜子，下方有两个柜体与抽屉相连接，抽屉下面有简洁的牙板和拉条作为结构支撑。同样也具有洛可可风格的三弯腿造型。整体娟秀朴素，乖巧而不失雅致。

② 牡丹漆器梳妆台

此梳妆台端庄稳重，由镜架和桌体两部分组成。除上面镜子的部分，这个梳妆台可以当做写字台来用。整体髹黑漆，雕刻部分采用金漆描绘，漆层有所剥落（图2-173）。

镜架上方雕牡丹花纹，牡丹寓意吉祥富贵，两边延伸的藤蔓像两柄如意，寓意吉祥如意。镜架左右两边作椭圆形开光，镂空部分雕刻有花瓶装饰纹样，瓶里插有月季，"瓶"谐音"平"，月季花好月圆，寓四季平安之意。总的来说，该梳妆台不但体现了女性的柔美，而且给人一种简单雅致的感觉。镜架雕刻纹样部分采用金漆描绘，丰富了家具整体的色彩，使整体造型更为生动。

桌体面板向左右和前方挑出五厘米左右，桌面上方左右各安一块挡板，防止桌面物品向两边掉落，同时在台面上设了三个薄抽屉，可以用来放置一些小饰品。桌面下方左右各设两个抽屉，给储物提供了很大的空间。抽屉面板边抹髹红漆，面心髹黑漆，增强了造型的层次感。中间部分下方挖成拱形，两边采用倒挂的烛柱式的装饰。四腿采用向内凹的方腿形式，四腿间的枨子也借鉴了西洋风格，采用弓形曲线的横枨，中间以一个圆环部件作为连接，不仅美观，也可以起到稳固的作用。

图2-172　红木素雅梳妆镜

图2-173　牡丹漆器梳妆台

③ 黑漆彩绘葫芦梳妆台

此梳妆台由镜架和桌体两部分组成。镜框上部中间部分为一葫芦造型，内雕莲花、卷轴、双螭纹和磬组合成的纹样，黑底红漆，纹样部分描金；葫芦两边为菱格纹，同样采用红金两种色彩组合。两块翼板雕万字锦地，凹处涂黄漆，其上雕牡丹纹，作描金处理（图 2-174）。

下方的桌体为左右不对称造型，部件均为方材，造型简洁，无太多装饰。桌面两侧设挡板，下设三个抽屉，抽屉下左侧为洛可可式的 S 形腿，增添优雅轻盈之感。右侧为一个柜子。左侧的 S 形腿与右侧腿部用一块 S 形板连接，同时在正面形成拱门状。前后 S 形腿间立两个透雕简易几何纹样的竖杭。通体髹黑漆，漆层较厚。

图 2-174　黑漆彩绘葫芦梳妆台

④ 卷草纹梳妆台

此梳妆台镜面上方浮雕对称卷草纹，两侧翼板边缘雕卷草纹，内作菱格纹理，菱格纹内又嵌浮雕花卉纹（图 2-175）。

台面两侧设挡板，上置抽屉五个，两侧的两个较中间三个高，其中两个抽屉的拉手遗失。台面边抹层层外扩呈阶梯状，冰盘沿，无束腰。台面下设抽屉三个，抽屉下正面和侧面均装花牙板。

梳妆台为直方腿，足部为车木构件，腿部装搁板，搁板两侧有挡板，增加了稳定性，同时搁板与挡板围成的空间增加了整体的稳重态势。这种桌类造型较为少见，仔细看会发觉有传统架几案的影子在。

梳妆台整体稳重凝练，层次感突出，通体饰暗红色漆，表面漆层剥落较多，露出了里面的浅红色漆。整体保存基本完好，无明显变形。

⑤ 黑漆高足梳妆台

此梳妆台由镜架和桌体两部分组成。整体造型优美古朴、庄重深沉。椭圆形镜框顶部雕西洋花饰，两侧翼板边部为海水纹造型，内刻菱形纹做装饰。

桌面两侧设挡板，较前介绍的妆台不同，桌面上无抽屉的设置，仅在桌面下设了三个抽屉，抽屉下方做了开光处理，里面也可放置一些小物。腿型较为特别，造型似两个三弯腿叠加，四腿用简单的工字枨连接（图2-176）。

整体髹漆用了黑、金、绿三种颜色。通体以素黑漆为主色调，显得含蓄质朴；局部纹饰采用金色和绿色漆进行描绘，与素漆底形成对比，增强了装饰效果。

图 2-175 卷草纹梳妆台

图 2-176 黑漆高足梳妆台

⑥ 梅花纹格子梳妆台

民国时期玻璃大量涌入民间，梳妆台大量出现，形体较前高大许多，带有洋式建筑风格。

此梳妆台由镜架和桌体两部分构成，桌子又可以作写字台使用。立式的椭圆镜框上方镂空雕饰蝙蝠，寓意富贵吉祥。镜身两侧有三角形牙板，上面刻有梅花格和波浪形雕饰，不仅起到支撑镜架的作用，也具有装饰美感。牙板下方衔接着两个小抽屉，可以存放饰品。桌体台面镶有两翼，起衔接和支撑作用。桌面下方带有两层抽屉，上层置有三个，下方呈凹型的两个抽屉，是很好的储藏空间。四条腿部下端有倒锥形的旋木节点，四条腿采用工字形枨连接，以增加整体的牢固度。整体呈暗红色，形式精致典雅，装饰适度（图2-177）。

图2-177 梅花纹格子梳妆台

⑦ 红木素光梳妆台

与梅花纹格子梳妆台相比较，此梳妆台整体造型没有太大差异，但装饰较为简洁朴素。蝙蝠眉头和两侧牙板不做过多雕刻。下方取代两个小抽屉的是两块红木整板。桌体下方五个抽屉改为两个大柜与中间抽屉相连。腿部仍然采用工字形枨连接，下端为方形腿部着地，无旋木节点（图2-178）。

⑧ 梅花纹方镜梳妆台

此梳妆台由镜架和桌体两部分组成。此例与前几例最大的不同在于镜子上方无顶饰。整体装饰集中在镜架两侧的翼板上。翼板上阴雕梅花纹，边缘镂雕成海水纹曲线，无阳线装饰（图2-179）。

台面两边设挡板，左右两侧各设一个抽屉，抽屉下为S形腿。两个抽屉中间设一搁板，搁板较抽屉面板略为缩进，凸显层次感，隔板下置两个很小的花牙。桌面为整块面板，边沿无任何装饰。台面及以下部分的造型有传统架几案影子。桌面下方设三个抽屉，抽屉下正面和侧面均设牙板，加固结构的同时也增加了美观度。左右两侧各设一柜，柜底板并未直接落地，起到防潮作用，同时增加了足部的通透感。

两柜之间用一窄板连接，使结构更为稳定，同时可做搁脚之用。此妆台较为特别之处，在于桌子中间抽屉下方增设了一个带圆洞的搁板，应为置脸盆之用。

此梳妆台整体造型简单，以直线和平面为主，无多余装饰。

图 2-178　红木素光梳妆台

图 2-179　梅花纹方镜梳妆台

⑨ 箱体方镜梳妆台

此梳妆台分为上下两个部分，去掉台上部分，整体运用了矩形。台面以上未设抽屉，方镜有饰金雕花镶板，镜子的两侧运用曲线的花牙，在中规中矩中体现女性的柔美，以此来反映当时女性的形象。台面为梳妆打扮提供了陈放的功能，在台上面部分并没有多余的装饰，突显一种简洁大方之美。台面下有四个抽屉和三个大柜，整体呈箱体结构（图2-180）。

⑩ 红漆菱格纹梳妆台

此梳妆台由镜架和柜体两部分组成。整体厚重，敦实。镜框及两翼瘦小，镜框上部雕海水纹，正中为一椭圆形盘，上独雕一螃蟹纹样，椭圆形盘表面用刀剔出凹陷的曲面，犹如在软的泥坯中用手挤压出来一般（图2-181）。这正是四川地区一种特殊的雕刻技法——曲面浮雕。

螃蟹纹样在家具中出现得并不多，但在民间工艺品上却是不少见的，此梳妆台上端的螃蟹左右对称，有八条蟹腿，尖锐有力，呈放射状，向四方伸展，两只大螯向上拱抱，气势汹汹，锐不可当，大有横行天下之态。两只蟹眼饱满突起，仿佛正怒目而视。螃蟹是甲壳类，又有八条腿，故寓意"富甲天下、八方招财"。

镜架两侧翼板雕刻菱形几何纹，边部透雕柔和的曲线、喜鹊和狮子纹样，寓意"事事如意"。下方柜体造型简单，无任何装饰，十分接近现代家具造型。左右两侧各设一屉一柜，中间略低处增设一抽屉。两侧柜子下方用一窄板连接，既稳固了结构，又可作为脚踏。

图2-181 红漆菱格纹梳妆台

图2-180 箱体方镜梳妆台

⑪黑漆描金高足梳妆台

此梳妆台有镜体和桌体两部分构成，镜体上端鋄金洛可可风格的莨苕叶，两侧以海棠开光雕千年佛手。桌面两侧端部镶有两个挡板，下方抽屉表面浮雕有红漆的喜鹊梅花，通常是嫁妆家具上的纹样。腿部采用"工"字形横枨是一件带有明显特色的中西合璧的作品（图2-182）。

⑫果子狸花梳妆台

这一款民国时期的海派梳妆台，大体由两大部分组成，镜面两厢雕果子狸花，桌体部分抽屉由瘿木独板制成，中间挂牙雕回纹勾子，门挺雕柱形线，上抹三拱门，面板外平。桌腿仍采用"工"字形结构，整体美观大方（图2-183）。

图2-183　果子狸花梳妆台

图2-182　黑漆描金高足梳妆台

⑬麒麟纹梳妆台

此梳妆台由镜架和桌体两部分组成。整体造型以西洋风格为主。镜子为椭圆形，顶部装饰透雕的西洋纹饰，下方浮雕西式卷草纹。两侧翼板上部模仿西式建筑中的栏杆形式，左右各雕一只麒麟，两只麒麟做转身回顾状，颇为生动；中部设一半圆形搁板，下以竖直的花牙承托；下部阴刻竹纹作为装饰（图2-184）。

桌面冰盘沿，桌面上两侧设一对双层抽屉。桌面下共设四个抽屉，两侧的较大，中间的较小，富有层次变化。中间两个小抽屉下装花牙一对。

车旋木腿型，四足之间采用了中式的脚踏板，踏板前端横木往里缩进，留出一定的容腿空间，又便于踏脚。

此梳妆台整体造型端庄优雅，尺度适宜，细节处理得当，是川西梳妆台中的佳作。整体红底罩黑漆，品相保存完好，较为难得。

图2-184　麒麟纹梳妆台

⑭柜体式梳妆台

此梳妆台总体给人一种大气的感觉，红木的材质和复古的花纹使整件家具显得更加华丽（图2-185）。

此件家具桌面足够大，也可以作为写字台使用。梳妆台使用了老虎腿，使其看起来更加结实、坚固。梳妆台最上方的简易花纹，为梳妆台添加了一份柔

美之气。梳妆台一共有11个抽屉，还有一个小柜子，提供了很大的储存空间。桌面上的两个小抽屉为单薄的镜面增添了一份结实感，并起到了过渡作用。镜子部分：两侧的小镜子是可以向内侧关闭的，中间的大镜子是可以调整镜面倾斜度的。简单的设计、精致的手工使整件梳妆台更加耐看，更显庄重大方。

⑮哥特风格梳妆台

此梳妆台从整体来看可以分为四部分。台面以上为一个屏风式。梳妆台顶部附有兰花纹浅浮雕，镜面居中，镜的两边雕有几何形镂空图案，镜面下方以多廊拱券呈现，整体受西方哥特风格的影响（图2-186）。

平台下面恰似一个小橱柜（用于储物和陈放饰品），只用两根旋木的腿足支撑，具有典型的西方碗橱特点。下部柜体的上部有三个同等大小的小抽屉。下部的门扇处装有吊牌拉手，通过黑漆修饰边框，镶嵌的柜门上浮雕美丽的花纹，雕饰精细雅致。下方还设有台面，方便搁置腿足，而且还可以使整个梳妆台的稳固性加强。

图2-185　柜体式梳妆台

图2-186　哥特风格梳妆台

⑯西番莲梳妆柜

此梳妆台为民国家私用具，整体分为两个部分。上部分镜体以西番莲做框，并镂空雕刻梅花和鹿。顶部成哥特式建筑形制，挺拔高耸，桌腿部分嵌曲线花纹牙子，不仅作功能支撑件，也作装饰部件。典雅包容的气质形成海派家具的时代特点（图2-187）。

图2-187　西番莲梳妆柜

三、川作床榻类家具

中国的床榻家具，从无到有，从低到高，从简单到复杂，经历了一个漫长的发展过程。

床的出现，在我国至少有三千多年的历史。至明代，家具品种基本完善，床的样式也大大丰富，主要分为罗汉床、架子床和拔步床三类，每一类中又因结构部件的造型和装饰的不同，变化出多种样式，如：三面围子独板罗汉床、十字连方纹三屏式罗汉床、月门洞架子床、品字栏杆围子架子床等。清代床的造型和明代变化不大，只在装饰上更下工夫。清代追求豪华，注重装饰，尤其在床榻类大型家具上，更是不惜工时，常常满雕满刻，纹样繁缛，与明式家具形成鲜明对比。民国初年，床榻家具还是呈现出清式家具的风格，但伴随着海外家具的传入，也开始慢慢发生衍变。

床作为睡眠休息的家具，在日常生活中占有极其重要的地位。床多安放于室内的后部，相对稳定，不易搬动。床作为川作家具中的大件和重要的一项品类，不只是提供睡眠休息时使用的家具，更是集中体现了当时川作地区的社会风俗，使用者的身份地位、生活观念和修养爱好。

川作的床类家具可分为罗汉床、架子床、拔步床三类，架子床和拔步床又俗称"大花床"。本书着重介绍川作的架子床和拔步床。

1. 架子床

（1）川作架子床的形制

架子床是传统床类家具中的主要形式，于明晚期开始风靡。

架子床因床上有顶架而得名。作法通常是四角安立柱，床顶上安盖，俗称"承尘"。顶盖四周装楣板，有的架子床正面开门围子，有月洞形、方形及花边形等，床两侧和后面装有围栏，常用小块木料做榫拼接成各种几何纹样。有的架子床还带有抽屉，供储物之用。

架子床分四柱床、六柱床和八柱床，常见的是四

柱和六柱床。床柱是指安装在床身四角的直柱，由于不同功能和装饰式样的需要，也有在前后床挺上加设两根或四根立柱的。四柱床是架子床最基本的样式，《鲁班经》中记载的"藤床式"，即是这种最简单的架子床。四柱床三面设矮围子，若设有前面所提的门围子，则装在两根前柱之间。六柱床在正面多加两根立柱，在床边两侧安装门围子，正中无围处则是上床的门户。八柱式前后门柱与角柱间都加设围子。

架子床的造型犹如一座浓缩的房屋，床的柱杆如同建筑中的"立柱"；床顶下的楣板如建筑中的"雀替"；床下端有矮围子，其做法和图案纹样仿照了建筑中的栏杆和窗棂。整个架子床从立面看如建筑的开间，故言架子床置于室内是一种"房中之房"的感觉。

本节搜集的川作地区留存下来的架子床为清代和民国时期所制。川作民间架子床与拔步床相比，体量小，做工相对简单，是川作民间使用最多的一种床。架子床在形制上从上到下依次分为床顶架、床围栏及床座三部分。床顶架往往由飘檐、楣板和

图 2-188　川作传统民间架子床形制构成

床顶架

床围栏

床座

花罩等部件组成，川作架子床的顶架部分造型变化多样，集中运用多种装饰手法，是整张床最吸引人的地方；床围栏设在床柱之间，是床的围合构件。川作的床围栏通常采用较为通透的形式，如直棂式或者六角纹形式；床座由床屉和腿足构成（图2-188）。

架子床的一个重要的好处是可以挂帐，对川作潮湿多雨的气候来讲，冬可保温，夏可防蚊，可以让人安然入寝，十分实用。

川作架子床在注重实用的同时也非常讲究装饰，装饰部位集中在楣板、花罩、门围子和围栏。主要装饰手法为雕刻，包括浮雕、透雕和阴刻。有的架子床常常在雕刻图案的凸起部分采用描金装饰，更显华美富贵。

（2）川作架子床实例赏析

① 葡萄藤纹雕花架子床

此床为四柱架子床，正面安门罩，门罩由三块花板拼成，横向花板和两块竖向花板之间并未采用

45度格角榫连接，而是采用水平的凹凸榫连接。床主要由底座、四柱、围栏、门罩、飘檐组成。门罩布满浅浮雕，但根据起位高低又可分为上下两层，两层图案互相重叠，层次分明。起位较低的浮雕雕刻的是葡萄纹，纹样满布门罩。起位较高的浮雕主要集中在门罩上方的正中和两角，雕刻的纹样中西合璧，既有着西方装饰艺术的风格，又带有四川地域特色的纹样元素。门罩内沿浮雕一圈连珠纹，外沿起一圈较宽阳线，阳线上等距阴刻褶纹，目的应是增强曲线的柔软之感。门罩上部用材硕大，中间低垂。整体造型仿佛戏台幕布（图2-189）。

床顶上方装有飘檐，飘檐略向前方倾斜。飘檐和门罩上的纹样基本一致，形成和谐一致、相互呼应的效果。

床身三面围栏。后侧围栏由十二根直棂和两块方形板件组成，每四根直棂间安装一块阴雕折枝花卉的板件。此床围栏的特别之处有二：一是三面围

图2-189 葡萄藤纹雕花架子床

栏直棖的安装角度。直棖垂直方向的面与床框边沿成45度角，也就是说直棖的截面为一菱形而非方形；二是两侧的围栏的层数。两侧围栏为两层，内层和后面的围栏一致，均为直棖加雕刻花板组成；外层则等距排列着花瓶状的板件。从侧面看，花瓶状板件正好穿插于两根直棖间的空隙之中。

床框与四足用料粗硕，以维持整个床体的坚固和稳定。床框与四足采用棕角榫连接。床下采用封闭形式，正面和侧面均分段嵌装装饰板件，板上阴刻折枝花卉。床框边抹未见起槽打眼，固原床屉应为木板铺设的硬屉。现有床板为后人所配的指接材板件。

② 大漆描金麒麟送福架子床

此床为四柱架子床。最上方突出床体部分为飘檐，飘檐通过与床柱上方向前延伸的桁架结合进行固定，借鉴了建筑中出檐的作法。飘檐上层用立柱分为四段，每段嵌装绦环板，上雕刻博古纹，四周围绕折

枝花卉；下层装牙板，牙板两侧透雕缠枝花卉，中间浮雕一对佛手。飘檐的两侧做成垂花柱形式，柱头为石榴样式，与牙板的佛手呼应，寓意多子多福。花罩体积较前例小，花罩正中的如意形花板上浮雕"麒麟送福"，两侧透雕缠枝牡丹，牡丹花朵丰满，花枝纤细，显得秾丽明快，又因纹样空隙大，流露出疏朗通透的意境。正面两根床柱较宽，上方安床撑弓一对，床撑弓采用圆雕手法，上部雕刻莲瓣纹和川作特色纹样太阳花纹，主体部分圆雕"鹤鹿同春"纹样。床柱下方同样有浮雕装饰，两个花瓣团寿纹中间雕刻蝙蝠口衔铜环，下缀莲花和磬；最下方雕刻折枝花卉纹，寓意福寿双全、福庆有余（图2-190）。

架子床三面围栏，两侧围栏由花瓶形板件和立柱相间组成，后侧的围栏较两侧矮，由车木件组成。

架子床整体髹漆黑红相间，端庄大方而又华美喜庆。雕刻纹样上涂描金漆，增添了富贵华丽的氛围。

图2-190　大漆描金麒麟送福架子床

③ 大漆描金六角纹围栏架子床

此床的整体造型与上例类似，不同之处是此例的飘檐略向前倾斜，相较上例，此例架子床的雕刻图案更加丰富且细密紧凑（图2-191）。

飘檐分为两层，上层用立柱分为五段，分段嵌装绦环板，每块板件内均是一副吉祥图案；下层通过垂花柱分为三段，两侧下垂长度较中间部分多，形成错落的造型。两侧绦环板上采用透雕形式，对称雕刻竹纹和喜鹊，下方的牙条雕刻的是卍字纹和玉兰花相互交缠的纹样；中间部分较宽，故分段嵌装两块绦环板，采用透雕缠枝花卉纹。右边垂花柱的柱头造型与左边有异，髹漆颜色与架子床的整体色彩不符，应为后配。床前两柱间为楣板和倒挂牙子，倒挂牙子上是透雕的枝缠叶蔓的佛手停着喜鹊，上分布三个圆形向阳花，花盘内雕仙草瑞兽和博古纹，右边的一组博古纹内除常见的博古器物外，还

雕有一顶带有花翎的官帽，想是主人家有着追求仕途光明的愿望。

床围子用木条攒接成六角纹，整体造型富有次序，简洁优美，只是上面的漆大多都已剥落。两侧的床围子在六角纹之上还嵌有绦环板，绦环板内外两侧浮雕四季花卉图。

此架子床整体色彩较为沉稳，四柱和床身为红漆罩黑漆，其余部分为暗红色漆。从色彩可看出，此床当时的主人可能年纪稍长。

④ 朱漆描金凤戏牡丹架子床

此床为四柱架子床。四角立柱为圆材。床三面设围子，围子上层采用花结子，每个花结子的造型均不同，下层均匀分布直棖和净瓶构件。飘檐和楣板部分硕大，衬的整个床架挺秀纤细（图2-192）。

此床最为吸引人的部分便是飘檐和楣板上的装饰。飘檐和楣板均采用高浮雕手法，纹样生动饱满，

图2-191　大漆描金六角纹围栏架子床

图 2-192　朱漆描金凤戏牡丹架子床

透雕的是缎带缠绕着一支笔和一本卷书的纹样，卷书上阴刻竹叶和梅花纹，寓意夫妻无论在生活中遇何困难和变故，都有松柏、寒梅、翠竹的坚心，不离不弃，共度岁寒。正面两根床柱上设鹤纹床撑弓一对，双鹤比翼，是对婚姻的祝福，寓意夫妻幸福美满。

架子床四柱髹黑漆，其余框架部件髹暗红色漆。硕大的飘檐和楣板满雕密饰，红金两色相配，喜庆无比，使得整张床宛若一位头戴凤冠的古代新娘。

这件雕花架子床采用朱漆作底，满刻多种吉祥纹样并采用描金装饰，表达祝愿新婚夫妇富贵长久、白头到老、儿孙满堂的吉祥寓意，极有可能是当时四川民间的女方的陪嫁之物。

（3）川作架子床的地域特色

川作床类家具作为川作家具中的大件，采用本地材料，用料阔绰厚重，体形宽大凝重，多种装饰工艺灵活运用，装饰精雕细作，融入了四川的文化精神和风土人情，是最具川作特色的一个家具品类。川作民间传统架子床在造型上最大的特点在于下部的床身。

① 床足的造型

其他地域的架子床常见的腿足造型有弯足、兽足，或是床下借鉴架几案的形式，即架子床的两只脚变成带抽屉的搁凳，即使是直足，也往往带有混面或雕刻回纹或其他装饰纹样。而川作架子床的四足均为用料尤为粗硕的长方形直足，整体光素，无任何装饰。川作地区架子床与其他地域架子床床足造型对比见下表。

层次分明，刀法明快流畅，朱红色做底，纹样采用金漆描绘，显得金碧辉煌、富贵华丽。飘檐是整张床最突出的部分，飘檐中部雕刻麒麟和松树，两侧雕刻两只回首相望的凤凰，间满雕牡丹花纹作为衬托。雕刻纹样大而饱满，纹样边缘溢出飘檐板件的边沿，显得不拘一格而自由浪漫。楣板采用了曲线造型，楣板中部向上起拱。楣板中部下方有牙子，

架子床腿足造型对比

其他地域传统架子床床足造型	川作民间传统架子床床足造型

② 床足与床棂的结合

其他地域的架子床，床足和床棂往往是有束腰的结合，而川作架子床的床足直接与床棂边抹结合，无束腰。

③ 腿足之间采用垂裙式构件

整件架子床下部床身的造型方正，犹如一个大型的长方形箱子。两两腿足之间用木材制成垂裙式，且床身正面往往分段嵌装刻有吉祥纹样的装饰板件。在其他地域的架子床中，也可见垂裙式的做法，且

垂裙处往往设置数量不等的若干抽屉以便存放衣物等。川作架子床床身下垂裙做法的不同之处，在于垂裙构件下并不安置抽屉，原因是四川气候潮湿，床底离地面近，湿气重，易受潮，故不宜存放物品。故腿足间的垂裙式构件起到的仅仅是加固床身和装饰的作用。川作地区架子床与其他地域架子床垂裙式构件造型对比见下表。

以上这三个特点形成了川作架子床在造型上区别于其他地域性家具的最显著特征。

架子床垂裙式构件造型对比

其他地域传统架子床床身垂裙造型	川作民间传统架子床床身垂裙造型
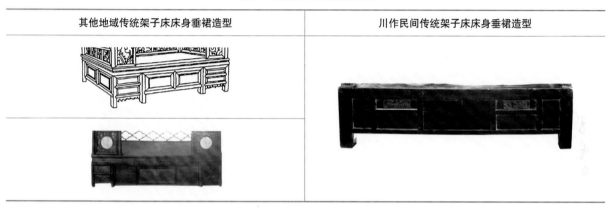	

2. 拔步床

（1）川作拔步床的形制

拔步床，江南地区又称"踏步床"，最早形成于明晚期的江南地区。拔步床是架子床的升级版，是古代造型最为奇特、体型最为庞大、结构最为复杂、装饰最为华丽、功能最为完善的工艺精湛的一种床类家具。"拔步床"一词最早见于元代人柯丹邱杂剧《荆钗记》中的对话"可将冬暖夏凉描金漆拔步大凉床搬到十二间透明楼上"。由于拔步床从备料至完工需耗时上万工时，故在川作又被称为"万工床"。

拔步床深受古代建筑技术的影响，是一种房中有室的家具。拔步床的构造主要分为前后两部分，前方为围廊，后面为架子床。围廊结构复杂，构件较多，是整张拔步床最有代表性的部分。围廊下铺设的木板称为踏板，又称"地平"。《金瓶梅》第十九回中写道："西门庆心中大怒，叫李瓶儿脱了衣服，跪在地平上。"这里的地平即踏板。踏板是整个围廊的底座部分，主人入寝需抬步行过踏板后方可上床。踏板下安有底足，与地面保持悬空，起着防潮防湿的效果。围廊内两侧放置桌、椅、凳等小型

家具和杂件。一般左侧设几案，上置镜、奁盒、灯台，用于女子梳洗打扮；右侧设椅子、便桶或矮柜。围廊就这样围出了一个生活小区域，人跨步入围廊，犹如跨入室内。

拔步床由于形制复杂、工料浩繁、装饰华丽，使它成为非常贵重、有财产象征意义的一类家具。《金瓶梅》第九回写道，西门庆用十六两银子买了一张黑漆欢门描金床，又顺手分别花五两和六两买了两个丫环；第二十九回又写道，由于潘金莲不满意，西门庆又"旋即用了六十两银子买了一张螺钿敞厅床"，这里的螺钿敞厅床指的便是宁波产的螺钿嵌拔步床。鲁迅小说《阿Q正传》中第七章第八章共三处提到阿Q特别垂涎秀才娘子的"宁式床"，想占为己有，不料最后赵家被抢，宁式床被抬走。第七章中写道："东西，……直走进去打开箱子来：元宝，洋钱，洋纱衫，……秀才娘子的一张宁式床先搬到土谷祠，此外便摆了钱家的桌椅，——或者也就用赵家的罢……"这里的宁式床指的也是宁波的拔步床，可见拔步床在当时的地位与元宝、洋钱一样，是一份非常重要的财产。

川作民间的拔步床最初由宁波传入，后结合当地家具的风格，形式逐步"川化"。川作拔步床的围廊正立面主要由楣板、花罩、围屏组成，侧立面主要由楣板、窗棂、围屏构成。围廊的装饰主要集中在这些围合构件上，或雕或刻，或镂或攒，髹描涂画，集多种装饰手法为一体，豪华富丽。围廊正面的花罩又称外花罩，其装饰是整张拔步床中最华丽的部分，也是每张拔步床独特的面貌标识。花罩造型多样，常见的有方形的、月洞形和类似壶门形的。

（2）川作拔步床实例赏析

● 川作大漆描金拔步床

拔步床由前端的廊庑和后面的架子床两部分组成（图2-193）。廊庑正面的楣板和花罩为一木连作，雕刻部分做铲地浮雕，楣板和花罩之间起一条阳线作为两个部件的分割。花罩沿边装饰一道连珠纹，两侧雕刻"老鼠偷葡萄"纹样，葡萄纹枝叶缠藤，老鼠仰头作咬葡萄状，生动明快，寓意子孙延

绵不绝。花罩左右两侧各开一个圆形开光，雕刻内容同楣板一样，是放牛、挑担的日常生活图案。花罩下的围屏分段嵌装三块绦环板，其中上段雕刻的是一对凤凰，雄凤凰回首顾盼，雌凤凰昂首起舞；中段大委角方形中套嵌一个小的委角方形，外层雕缠枝花卉，内层雕"麟凤呈祥"；下段雕缠枝纹，最下方镂镙出很小的一段开光。由于年代久远，左边中段的装饰板件出现了一条竖直的裂纹。廊庑的踏板下共安五足，正面为三足，两两之间安装弧形牙板，线型流畅，犹如绸缎中间系了个扣，使两边垂坠下来。

廊庑侧面从上至下分别为飘檐、楣板、窗棂和围屏。飘檐为一弧形素板，下有壶门形开光。窗棂由三个套嵌的委角长方形框组成，两两之间通过内外两层牙子连接，窗棂整体虚空间大于实空间，疏朗通透。

廊庑内部空间宽敞，左侧放置一个高度同床面齐平的矮柜，矮柜为上开门，下设一抽屉，用于储

图2-193　川作大漆描金拔步床

放日常衣物用品。

拔步床后面的架子床部分相对廊庑部分较为简单。架子床的装饰主要集中在内花罩和正面下方的牙板上。内花罩上的雕刻图案丰富多彩，包括蝙蝠、喜鹊、麒麟、凤凰、缠枝花卉和团寿纹。架子床四角立柱，四柱上方三面各安两根横枨，上下横枨之间有矮老加固，左右两侧的立柱中间另安有一根横枨，起到进一步加固四柱的作用。

架子床三面围栏，围栏分里外两层。外层围栏较高，置于绦环板之上，栏杆用横竖攒接成"井口字"纹样；内层围栏较低，置于床框架之上，围栏分上下两层，上层分布稀疏的蝠纹和卷草纹卡子花，下层由圆材等距排列而成。

此拔步床品相基本完好，仅廊庑左侧下方的牙板和架子床左侧的后足为新安装。整体髹暗红色漆，雕刻图案部分采用金漆涂饰，整体形制复杂，工料浩繁，高度装饰，呈现出豪华秾丽的富贵气象。

3. 床榻

下面介绍的三个案例，是川作家具中比较独特的一类卧具，主要由座面和靠背两大部分组成，四腿支撑，似床非床，似榻非榻，又与前面介绍的一种坐具——罗汉床式座椅有几分相似之处，兼具坐、卧的功能，是民国时片子床的缩减版，且以"床榻"称之。

① 床榻（之一）

靠背作法为民国时常见的片子床的床屏样式，中部镶嵌的背板上阴刻抹角矩形，中心椭圆内雕饰花卉纹，与搭脑两侧弧形部分上的雕饰相同，搭脑顶部为竖向排列的直线棱条，与背板两侧车削直棂和边柱及四腿上的线形相呼应；背板和圆柱状车削直棂连接在搭脑和长横撑之间，横撑之下又有三个立柱与座面上部较宽的横撑连接，用以支撑和稳固整个长而大的靠背；侧面有横撑；后腿与靠背两侧边柱一木连做；座面长，可同时供两至三人使用（图2-194）。

图 2-194　床榻（之一）

② 床榻（之二）

这件床榻与上图床榻的结构与装饰几乎一模一样，靠背两侧同样各有两个半车镟立柱，座面下同样的封闭式攒框嵌板牙板，主要区别在于三个方面：一是背板中部的圆形，上图床榻为椭圆形；二是腿脚装饰的区别，此床榻腿上部素直无雕饰，而上图床榻则打槽刻直线；三是座面下牙板的不同，此床榻牙板嵌两块板，而上图床榻嵌三块（图2-195）。

③ 床榻（之三）

此床榻与前二者相比要密闭得多，装饰上却相对简单；攒框嵌板靠背，雕饰简洁，分为三部分，结构与装饰均对称而为，靠背两侧边柱出头，造型似西式建筑；罗锅枨式搭脑，中部高，两侧低；素直靠背边柱；方直腿迎面下部略有凸出，侧边有横撑支撑；后腿与靠背两侧边柱一木连做；攒框嵌板座面；整体显得笨重，不够通透，仅靠背下部两横撑间略有间隙（图2-196）。

图 2-195 床榻（之二）

图 2-196 床榻（之三）

四、川作庋具类家具

1. 柜

（1）川西民间传统柜类的形制

"柜"字，最早写作"匮"，《说文》中说："匮，匣也，俗作柜。"柜是储藏物品的家具，一般形体高大，整体造型多方正，正面基本呈对称分布。有两扇对开门，柜内有横隔板，有的还装有抽屉，可存放衣物、书籍、食物等。

我国传统柜的形制很多，有圆角柜、方角柜、两件柜、四件柜、亮格柜等。圆角柜的特征是都用圆料，四柱与腿足一木连作，有明显的侧角收分，柜顶有喷出的柜沿。方角柜与圆角柜相比，最大的区别在于均为方料制，无侧角收分，也无喷出的柜沿。两件柜和四件柜也叫顶箱柜，是由上部的矮柜和下部的立柜组合而成。

川作家具中，柜一般用大漆髹饰，表面多以浅浮雕和彩绘进行装饰。本文主要介绍两类柜类，一类是衣柜，一类是矮柜。

衣柜可以说是川西卧房中必备的家具，为放置平日里的衣物所用。矮柜是一种体形较矮的柜子，高度在一米左右或一米以下。高仅二三尺的小小圆角柜，北京称之曰"炕柜"，南方无炕，可放在拔步床前廊使用。文震亨提出，在男士睡房中应摆设一小柜，用以置放沉香、药品和文玩。川西地区的矮柜多为两屉，造型简洁，上有黄铜饰件。矮柜不仅内可储物，柜顶也可摆放日常用品和陈设。

（2）川作柜类实例赏析

① 牡丹纹方角柜

此方角柜整体造型均采用直线，平直硬朗。雕刻装饰适度，仅在柜门处雕刻一对对称的折枝牡丹纹样。此方角柜无闩杆，有柜膛，柜膛用两根立柱相隔，分为三段。柜膛下设长方形牙条，装饰手法同柜膛一致。大框及柜门边抹的作法，均由外及里共起四道阳线，层层递进，两两阳线间混面和打洼交替使用，让整个边框高低错落；柜膛和牙条均加高，占整个柜高的三分之一，这种比例关系使得整

图 2-197　牡丹纹方角柜

体造型虽挺秀不足，却憨实质朴（图 2-197）。

柜子通体髹红漆，柜膛和牙条处的漆膜剥落明显。柜子品相基本完好，仅柜门处的吊牌遗失，柜边略有残损，其他部分均保存完好，较为难得。

② 带柜帽方角柜

此柜为方角柜，与上例方角柜的造型相比，此例最大的差别在于柜帽喷出。在我国传统柜类家具中，只有圆角柜有柜帽，方角柜并无，而此方角柜柜帽的喷出形式又不同于传统圆角柜柜帽的喷出形制，乃是模仿西洋柜类家具的柜帽形式。除喷出的柜帽外，此柜另一特点在于柜门的抹头里侧采用弧形线条，应同样是借鉴了西样柜类家具的造型（图 2-198）。

柜门和柜膛阴刻对称、工整的西式卷草纹样。柜膛分为三段，中间部分为一抽屉，上安有吊环。

图 2-198 带柜帽方角柜

柜子通体髹红漆，漆膜保存完好，无明显剥落迹象。从留下的印迹可以看出，原来柜门处的铜饰件安装的是狭长的面叶，现有的吊牌为后配，除此之外，品相基本完好。

③ 双开门方角柜

此柜子长 1 195 mm，宽 518 mm，高 1 800 mm，由两部分组成，上部分是双开门的柜子，下部分是闷仓。上方的门上有对称的浅浮雕仙鹤图，"鹤"与"贺"同音，也是表达吉祥之意。在中国古代传说中仙鹤寓意延年益寿。鹤有一品鸟之称，又意一品当朝或高升一品，与松树一起寓意松鹤延年。下面闷户橱的右面板上是兰，有子孙优秀的意思；左面是梅花，古人形容它冰肌玉骨，梅花五瓣代表福、禄、寿、喜、财五福，有五福尽享之意；中间是牡丹花，为百花之王，人称国色天香，象征富贵和官运亨通。下方牙板上有葡萄，因结实累累用来比喻丰收和多子多福，象征在事业及各方面都成功。下方的闷户橱设计是民间嫁女之家必备的嫁妆之一，民间又称嫁底，又叫"闷仓"，这三个抽屉称为连三橱（图 2-199）。

图 2-199 双开门方角柜

据此推断这个柜子是嫁娶时女方的嫁妆之一，希望女儿家以后仕途顺利，家庭富贵吉祥，生活幸福美满。

④ 楠木大方角柜

柜四角见方，上下同大，腿足垂直无侧脚，对开两扇门，边框嵌安圆形铜面叶和合页，两扇门以广锁锁住。广锁上有桃的纹样，桃与佛手、石榴一起被称为"福寿子三多"即多福、多寿、多子。旁边有灵芝云纹，云纹是最能体现中华民族传统文化特色的纹饰，寓意祥和、如意、美好，广泛运用于红木古典家具中。葫芦形拉环，寓意辟邪纳吉（图 2-200）。

图 2-200　楠木大方角柜

图 2-201　楠木镶瘿木方角柜（之一）

柜子通体素面光滑，整体线条流畅，铜活完整，木板纹理优美，榫卯严密结合，表面以褐色漆涂饰，颜色庄重大气。由于尺寸硕大，给人以气势恢宏的感觉。

⑤楠木镶瘿木方角柜（之一）

此方角柜长 910 mm，宽 487 mm，高 930 mm，整体结构简单。柜体表面上呈水波形纹理，带有浅黄褐色，采用的是统称为瘿木的木材材质，取材为木材的根部部分。接着是直立的柜腿，也是全柜得以平衡的支撑点，有着一种阳刚的精神。在柜体的表面两侧上下还有圆形合页，分为左右两块，便于活动，又有装饰性美感。在牙板上雕饰着精美细致的卷草缠枝莲花卉纹样，各种花卉寓意美上加美。花卉的装饰使此家具更富有美感，象征着纯洁，寓意吉祥（图 2-201）。

⑥楠木镶瘿木方角柜（之二）

此柜长 1 040 mm，宽 688 mm，高 1 318 mm，四面平式，对开两扇门，凿双环式铜合页，壶门式下沿板。柜内装堂板，设抽屉两个，造型完美，四面皆为平镶装板，柜顶攒边打槽平镶面心板，下装

图 2-202　楠木镶瘿木方角柜（之二）

二根穿带出梢支承。四条方材柜脚上以棕角榫与顶边接合，柜帮及背板皆攒边打槽平镶嵌板。柜门亦为标准攒边打槽装独板面心，木纹华美的面心板背

面安二根穿带出梢装入门框。门下安洼膛肚牙子，二端打槽嵌入柜脚，上以齐头碰底枨。其他三面亦安相似牙条。柜身之四长方形合页、面叶、纽头与吊牌皆为黄铜。此柜通体用楠木造，造型精美，品质优良，通体全素（图2-202）。

瘿木是瘿结剖开后的木材，由于受到瘿瘤生长的变化，形成了美观而又变化无穷的纹理，具有极高的装饰性。瘿木来之不易，尤其是上等瘿木更难出现，所以好的瘿木十分珍贵。同样的家具，有没有瘿木，价值大不相同，所以，此方角柜不论是实用价值还是收藏价值都十分出色。

⑦ 鱼跃龙门方角柜

柜体四方，以黑色和暗金色为主。除拉手合页上饰圆形的云纹，再无多余装饰。通体红木榫卯结构。柜腔以抽屉分隔，下方为闷仓，取其秘密储物之意，古人用来藏细软，功能性很强。柜体拉手部分描绘了一番中国古代神话中的龙腾祥云、宫塔林立景象。云层堆叠，寓意步步高升；龙游其中，寓意望子成龙；周围一圈纹饰极像官帽又如元宝，寓意升官发财。衣柜朴实无华却又特征突出。龙首鱼身作为纹样，寓意古代父母期望子跃龙门，青云得志，飞黄腾达（图2-203）。

图2-203　鱼跃龙门方角柜

⑧ 素面方角柜

此柜长910 mm，宽483 mm，高1000 mm，无柜帽，形制方。柜门采用合页安装，通体榫卯连接，结实牢固，经久耐用。此柜选料考究，工艺精湛，高贵雍容，色泽典雅，仿古而不泥古，有明清家具古典高雅之特色（图2-204）。

⑨ 明式圆角柜

此柜为常见的明式圆角柜造型。足部侧角明显，腿足外圆内方。柜帽及大框混面压边线。无闩杆，为"硬挤门"样式。柜门攒框嵌板，面板由三块窄木板拼接而成。柜门中间安装圆形面页，配有拉环，均为黄铜制。柜子下部设有柜膛，柜膛立墙采用整块长板，较为整洁（图2-205）。

此柜品相完好，通体髹暗红色漆，造型简洁却富有韵味。虽为民家柴木制作，但与许多名贵硬木制者如出一手。

⑩ 楠木药柜

楠木药柜，一种储藏中药的家具。此柜形体较大，采用楠木制作而成，木材硬而均衡，耐磨耐用，纹理匀称。此柜上共有48个抽屉，横为4个，竖为12个，除数字吉祥、使用方便外，这样的设计也暗藏玄机。48个抽屉分为两半，第一排第二个抽屉控制着左边两竖排的抽屉，只有它被拉出来后，左边

图2-204 素面方角柜

图2-205 明式圆角柜

两排的其他抽屉才能拉出。当它拉进去的时候，将横着倾斜的木块压平，随之带动竖着的木块往上提，使其他抽屉的卡槽被卡住，就不能拉出来了。右边两竖排的抽屉同理。巧妙的设计让使用者不用锁就能保证珍贵药材的安全。抽屉上的拉手为素铜饰件，其样式为凸方框，雕刻花饰不多，体现了简洁的艺术风格。抽屉的旁板与背板采用燕尾榫连接。药柜四足弯曲，成美丽的三弯腿，腿足与上部采用抱肩榫连接。足上雕刻有祥云图案，寓意吉利吉祥。此药柜造型简练，结构严谨，装饰适度，纹理优美，有明式家具之遗风（图2-206）。

⑪ 高低衣柜

此衣柜长1 260 mm，宽520 mm，高1 890 mm，由左、中和右三个部分组成，形式简洁，但功能丰富。它不仅可以用来储存衣物，下面还有三个抽屉提供了陈放和储存的功能。衣柜从左到右逐渐变小，方便家庭中不同年龄层成员的需求。右侧最小的小孩柜还增加了摆放装饰品的功能，丰富了衣柜的层次感。下方抽屉，在满足衣柜功能性的同时，又赋予了额外的陈放和储存功能。衣柜把手采用圆弧式圆柱，方便开关，采用木质来替代金属，显示出衣柜的自然美感（图2-207）。

图 2-206　楠木药柜

图 2-207　高低衣箱

⑫ 多功能雅致立柜

这是一件集收藏、展示于一体的多功能立柜，长850 mm，宽940 mm，高1 840 mm。柜体下半部为收纳部分，又分为抽屉和小柜体。最低端的挡板上、左、中、右分别雕有呈对称式的蝙蝠纹样，寓意"多福"。抽屉把手与屉面连接处的造型、柜体上部圆环状橱窗四角的蝙蝠和蝴蝶，也表示同样的涵义。柜体中部低端边缘形成一组十二只均匀排列的花瓶型围栏，一方面保证其内部陈设物品置放的安全性；另一方面，增加了立柜整体的美观程度。柜体上部橱窗边部的图案都为忍冬纹，又称卷草纹，

忍冬"久服轻身，常年益寿"，多用于佛教装饰，有"益寿"的吉祥涵义。圆环橱窗以下设有一袖珍抽屉，更使得整个立柜风雅别致，独具风格。除了小柜体拉门使用了五金件合页，柜体各部分均采用传统的榫卯连接，结构严谨（图2-208）。

⑬ 民国美饰衣柜

这是一件三柜门，长1 455 mm，宽522 mm，高1 915 mm，由檐帽、柜身、底座、支撑腿构成。檐帽两侧成扇形图案，柜身两扇柜门拱起，扩大了内部储存空间，也体现了民国时期家具向西欧发展趋向，门上雕几何圆形花卉图有体现中西合璧，传统工艺与欧美工艺结合成的雕花，柜身两侧雕花对称。中间镶有镜子，增加了装饰性，也可以正衣冠。镜子的运用在当时算是一种时髦。镜下，有一抽屉，可存放物件。柜体有八根支撑腿，采用了仿罗马柱式，家具开始机械化生产，在当时也是一种进步与时尚。整体造型效果典雅大方，其中含有西欧气息，也有中国传统工艺色彩，是一件典型的民国海派家具（图2-209）。

图2-208　多功能雅致立柜

图2-209　民国美饰衣柜

⑭民国衣柜

这是一件民国时期的家具，长 1 145 mm，宽 480 mm，高 2 100 mm。它的特点是以明清家具为母，西洋家具为辅。晚清民国初期，由于西方文化的介入，使民国时期的家具发生重大的变化。当时大量引进欧式的衣柜、梳妆台、桌等家具，改良了明清家具，从而形成了洋为中用的家具风格。

这件家具从艺术风格来说，没有明式家具的简约，没有清式家具的繁琐，整体简单装饰，腿爪有变化。在民国时期，正处于机械化生产的萌芽，在这个特殊的历史背景下，才会出现我们看到的这四个腿上，有车、镟的弧变式图样；还有衣柜的最顶上的位置，有西式家具的特征出现。衣柜顶上，以及门上面的雕花，左右对称，都是用了西方的吉祥

图案西番莲纹样。莲纹的布局，长短呼应，疏密有致，雕刻细腻圆润，清爽利索，富有活泼而又严谨的装饰趣味，赋予这件家具吉祥、美丽之感。这件家具集明清家具的含蓄凝重与西式家具的豪华开放为一体。这不仅是明清家具文化的一种传承，也是一种延伸（图 2-210）。

⑮方角矮柜

此柜上层设抽屉一对，铜质拉环左右浮雕一对凤纹；下部双开门，柜门中间加抹头一根，分为上下两格，装板落堂，上格浮雕西洋花饰。柜子为直足，腿足较高，两两之间装花牙子进行加固（图 2-211）。

此柜整体造型小巧玲珑，方正古拙，品相基本完好。通体髹一层透明薄漆，但漆面多处已斑驳。

图 2-211 方角矮柜

图 2-210 民国衣柜

⑯红漆方角矮柜

柜子上为抽屉，下为一对双开小门。特别之处在于每个小门面积仅为柜面的一半。柜门采用的合页和面叶尤为厚实。直足，腿足较矮，足间采用牙子加固（图2-212）。

此柜整体造型简练光素，无线脚和雕饰，仅用黄铜饰件作为点缀。髹红漆罩黑漆，显得沉静古朴。

⑰朱漆矮柜

此方角柜柜面采用束腰做法，上部设抽屉一对，下部对开双门。柜体正面边框的横材和竖材均刻出五道线脚作为装饰。直足，正面两足之间设宽大的弧形牙板，侧面两足之间则采用了细长的圆材连接作为加固（图2-213）。

此柜保存完好，框架髹红漆，柜面牙板做红漆罩黑漆处理。整体端庄稳重，简洁大方。

图2-212 红漆方角矮柜

图2-213 朱漆矮柜

⑱ 雕花式联二柜

这个柜子叫雕花式联二柜。此柜整体分为两层，上层是抽屉；下层是储藏用的柜子，里面也用隔板分为两层。这样上下两层有着密切的联系，所以叫它"联二柜"，感觉非常有层次感（图2-214）。

它是实木榫卯结构，两扇柜门的正中间和柜面上边还有圆形的雕花。它的线条体现出非常唯美的感觉，使柜子的整体形象生动起来，反映了当时当地的风土人情。

抽屉和柜门的把手都是圆形的，看起来非常简洁方便。它的四只脚是由回转体造型所取的一半而塑造的，有着美观而简单的概念。

整个柜子显得圆润大方。

⑲ 浮雕盘扣式方角矮柜

此柜形制十分特别，柜顶板偏薄并逐渐向下收紧，柜体转角处圆形包角起三炷香，柜门采用一张整板无镶框，柜门把手呈短圆柱形跟转角处呼应，柜板上其阳线浮雕花卉藤蔓，如衣饰的盘扣俏皮可爱，薄板式的异形腿呈外八型，两侧牙板呈壸门形状，转角处凹型与柜体相接浑然一体。柜子整体圆润活泼，乖张又不失雅致（图2-215）。

图2-215　浮雕盘扣式方角矮柜

图2-214　雕花式联二柜

图 2-216　方角二联橱柜

⑳ 方角二联橱柜

此二联橱柜用楠木制作，通体榫卯连接。柜板采用镶框嵌板结构，抽屉和下方柜体板面颜色较深，并雕有花卉。整体造型中规中矩（图 2-216）。

㉑ 金钱花式联二柜

此二联橱柜木质虽然有些旧渍，但没有磨灭家具的本来风采，颇有乡村气息。上方和下方的抽屉上雕刻有金钱花纹。特别是腿部，不同于其他家具，是整体以箱体接触地面。形制封闭美观，但很容易受潮气影响而使家具吸湿变形（图 2-217）。

图 2-217　金钱花式联二柜

㉒民国红木矮柜

此矮柜长 925 mm，宽 530 mm，高 975 mm，综合了中式和西式纹样，两个抽屉拉手采用西式莨苕花叶对称纹样铜片。整体加工方式仍保留着古典中式家具的做法。下方柜门把手运用了很新颖的圆雕形式母子鱼把手，装饰和功能并存。下方望板采用夸张的壸门结构，结合菊花藤纹浮雕装饰。整体造型憨态可掬，娟秀大方（图 2-218）。

㉓红漆描金供奉佛柜

这件红漆描金供奉柜具有浓郁的寺庙风格，体现出一种自然奢华的美。整个供奉柜极具装饰美感的红漆描金是在现代修复还原后呈现的，使柜子在历史感和现代感的包裹下透着丝丝傲气。柜位于抽屉下方，开启方式极为巧妙，需抽出暗藏于侧方牡丹雕花下的木条方能打开柜门。这件殷富之家的红漆描金供奉柜利用各类描金雕花来彰显其寓意，更具有层次感和装饰性。柜的正中便是供奉之位，运用了里外层牡丹雕花作为装饰，寓意富贵荣华。柜体下方的挡板采用了忍冬这种缠绕植物作为装饰，忍冬其花长瓣垂须，变化多样，寓意益寿的吉祥含义。柜体抽屉上还雕刻有剧情性的人物纹饰，使其更加富有深意。整个供奉柜具有独特的美感和时空感，它自身所携带的韵味将柜的高古风格诠释得极为完美（图 2-219）。

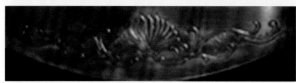

图 2-218　民国红木矮柜

图 2-219　红漆描金供奉佛柜

㉔ 壁柜

此家具长 1 670 mm，宽 600 mm，高 1 166 mm，整体看起来很大气，多在富贵人家使用，象征主人的身份地位。牡丹和豹的搭配，表达福寿、吉祥、美好愿望，也包含人们对荣华富贵的期盼（图 2-220）。

贰·川作家具品种

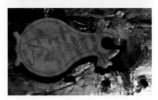

图 2-220　贞观年间壁柜

2. 箱

（1）杠箱

《五礼通考》曾说，自后齐以来，不管天子庶民，婚礼"一曰纳采，二曰向名，三曰纳吉，四曰纳征，五曰请期，六曰迎亲。"这就是古代婚礼所分的六个阶段，俗称"六礼"。其中，"四曰"纳征是指订盟后，男家将聘礼送往女家，是成婚阶段的礼仪。装聘礼用的，就是杠箱（图 2-221）。

此杠箱长 835 mm，宽 470 mm，高 805 mm，上方设穿横杠的位置，两边圆雕龙图案。在结婚聘礼中运用龙图案是对婚姻的美满祝福，龙生九子，象征多子多福；龙的地位非常高，也象征着早生贵子。中间的镂空位置，方便穿喜绳抬聘礼。

杠箱中间是云纹的抽象图案，象征婚姻幸福美满。

杠箱下方是一个长方形盒子，方形四周分布圆形小立柱。圆形有圆满之意，也寓意婚姻的和谐美满。

（2）铆钉箱柜

最早的铆钉是木制或骨制的小栓钉。铆钉广泛用于车轮、门板和箱体。此箱体铆钉不仅有加固作用，避免板件开裂；工匠把钉帽打制成泡头形状，还起到了很好的装饰效果。其次，铆钉的数量具有等级象征。明代以前无明文规定。到了清代，使用钉的数量有了等级上的讲究。《大清会典》记载："宫殿门庑皆崇基，上复黄琉璃，门设金钉。""坛庙圜丘外内垣门四，皆朱扉金钉，纵横各九"，以下按品级，门钉数量呈单数递减。一般亲王府邸的大门上门钉纵九横七，世子府邸门钉纵七横五，公爵门钉纵横各七，侯爵以下至男爵纵横各五，不过，他们各自的大门上只能用铁制门钉，不能用铜制门钉。天安门乃皇城正门，当然门钉也属最高级别。可见这件铆钉箱的拥有者具有很高的身份地位。整体部件连接处用铁皮和铆钉沿边进行结构加固，把手对称装饰，下边缘起凸起圈线，造型威严端正（图 2-222）。

（3）铆钉镶边木箱

此铆钉镶边木箱目前有些残缺，合页与两边提手早已经遗失，但品相还算完整。铁片包已经锈迹斑斑，箱体四面都是用独板制作，表面漆色已经剥落，依稀可见到木胎底。箱底有一圈包边，可以防止箱体潮湿。造型内敛素朴，显出平民化特质（图 2-223）。

图 2-221　杠箱

图 2-222　铆钉箱柜

图 2-223　铆钉镶边木箱

五、川作其他类家具

1. 脸盆架

脸盆架在川作又称为"脸架""洗脸架""脸盆架子"，是四川民间婚嫁的重要嫁妆之一。川作脸盆架按结构形制，大致可分为两种：一种是六足盆架，一种是桌体结构的盆架。

（1）川作脸盆架的形制

① 六足盆架

六足盆架共六足，多为圆材制。前面四足有如栏杆的望柱，后两足向上延伸，与搭脑相交。搭脑下方两侧设挂牙，在装饰的同时也起到了加固结构、承托搭脑重量的作用。盆架的六足通过上下两层交叉的横枨加以固定，脸盆就置于上层横枨之上。有的脸盆架在中牌子下方还安有一个稍宽的横板，为放置皂盒等梳妆用具之用；横板水平面还往往向内挖出一个浅浅的凹陷，防止上面的物品滑落。

川作脸盆架的六足多以上下两层横枨拼成的架子相连，架子的形式主要有三种（图2-224）。第一种作法是用三根横枨，每根横枨中间挖缺，用开口榫的方法拼接成"米"字形。第二种是后两足和中间两足分别先用水平的横枨连接，中间的长横枨前部嵌夹一半圆形木片，前面两足所安的短枨一端开口打眼，用轴钉与圆形木片连接在一起；后两足则用工字型枨与中间的水平横枨相交固定。这样的架子形式，前面的两足是可以活动的，可将其并拢到中间两足的位置。第二种做法还衍生出更具装饰性的第三种做法，即在横枨交汇处加一个圆盘部件，横枨的开口藏在圆盘下层，且圆盘表面往往有阴刻的花纹，起到遮盖和装饰的作用。

图2-224　架子的三种形式

② 桌体结构盆架

除了六足脸盆架外，还有另外一种桌体结构的盆架形制。此类盆架往往由上部的屏风和下部的桌体两部分构成。屏风主要起装饰作用，下方的桌面用来放置脸盆，桌面的形式有方形、扇形等。有的桌面下设有抽屉，用以置放小件物品（图2-225）。

（2）川作脸盆架实例

① 龙头搭脑脸盆架

盆架搭脑出挑圆雕龙头纹，中部浮雕如意云纹。搭脑下的挂牙镂镂成拐子纹。搭脑下的空间分为四段，最上方的绦环板内中部作圆形开光，四角透雕蝴蝶纹，两两相对。中部和下部的绦环板内分别做浮雕装饰。最下方安装卷云纹花牙，中间透雕鱼纹，寓意多子多孙。前面四足柱头浮雕莲花座花纹，前两足可活动向内并拢。盆架整体髹黑漆，但随着年岁的流逝，大部分漆层有所剥落。盆架整体造型古朴端庄，形制基本保存完好（图2-226）。

② 如意顶饰脸盆架

六足高面盆架，搭脑位置安装如意形顶饰，上透雕梅花纹，花牙也为内嵌梅花纹的透雕如意，与搭脑相呼应。搭脑下的绦环板上饰以浮雕牡丹花纹样，纹样饱满，雕工精致。绦环板下方安有一块小

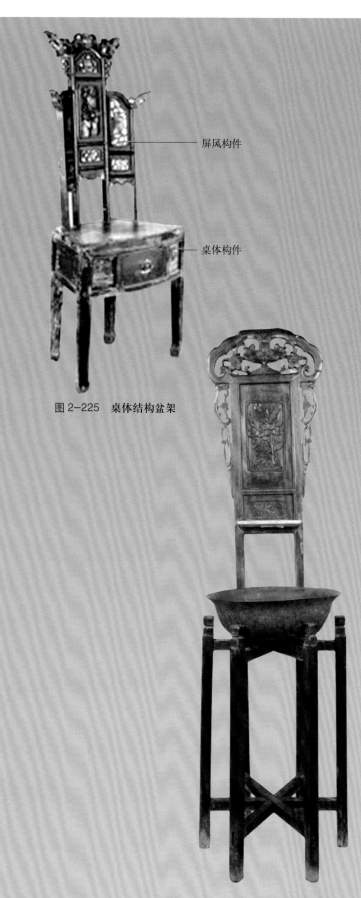

屏风构件

桌体构件

图 2-225 桌体结构盆架

图 2-226 龙头搭脑脸盆架

图 2-227 如意顶饰脸盆架

横板，横板边沿略微上翘，用以摆放肥皂等梳洗用具。前面四足顶部做成简单的栏杆望柱形制。此面盆架整体髹红黑两色漆，形制小巧，外观古朴秀气，形制基本保存完好（图2-227）。

③ 凤凰顶饰脸盆架

盆架搭脑两端出挑，搭脑上部的顶饰为圆雕的凤凰于飞纹样，纹样为两只凤凰相偕而飞，尾羽相交，寓意夫妻合欢恩爱。挂牙面积较大，透雕"四季平安"纹样。搭脑下的空间分为四段进行装饰。最上端的绦环板内镶嵌一枚椭圆形的镜子，再往下为浮雕折枝花卉纹样的花牌和透雕的花牙子。最下方安装了一块较宽的横板，内部方形的浅槽，为摆放肥皂之用。横板下有花牙板作支撑。六足均为方足，前面四足柱头为望柱形式，最前面两足可活动向内并拢。盆架整体髹朱红色漆，纹样部分采用金漆和银漆描绘，甚为华丽。盆架形制保存完好，整体造型秾丽优美，端庄

大方。此盆架无论是造型还是装饰均有较浓的女性气息，故猜测可能是当时的陪嫁之品（图2-228）。

④ 三屏式桌体结构盆架

此盆架由屏风和桌体两部分组成。盆架上部为屏风，屏风安于桌面上，整体略向后倾斜。屏风共三扇，中扇最高，左右扇屏向前兜转。屏风搭脑向斜上方挑出，饰圆雕的龙头纹。中扇屏风顶部加有透雕的缎带宝瓶顶饰，搭脑下安有透雕的卷草纹花牙。屏风最下方安有花牙板，下留有大面积的亮脚部分（图2-229）。

脸盆架下部结构为桌体形制，内翻马蹄四足。与常见的长方形桌子不同，这里的桌面呈扇形。桌面下安有抽屉，可放置杂物。与上部屏风的华丽装饰不同，桌体造型和装饰均较为简单。盆架整体髹红漆，局部装饰纹样涂描金漆，桌体部分漆层剥落较多。整体造型厚重华丽，有富贵气象。

图2-228　凤凰顶饰脸盆架

图2-229　三屏式桌体结构盆架

⑤ 大漆描金三弯腿脸盆架

此盆架造型是这几例中最复杂的一个，盆架整体装饰堂皇富丽。脸盆架的造型可分为上、中、下三个部分。盆架最上部分犹如这件家具的帽子，分为三扇，每一扇顶部均有镂雕的龙纹和西番莲纹。中间部分为使用功能区，可放置洗漱用品和脸盆，放脸盆的左右两侧立有一对相望的狮子。底部为三弯腿，腿肩雕刻怒目圆睁的龙头，十分威武，腿足为爪抓球造型，下安托泥。整体髹漆以黑与朱红两色为主，部分纹样采用描金装饰。整体装饰图案丰富多彩，包括龙、麒麟、狮子等瑞兽，灵芝、缠枝纹、松树等

植物，此外，还有仙女、寿星、桃子组成的"仙人送桃"图和戏曲场景。从造型和装饰上看，此脸盆架透露富贵气息且整体威严肃穆，猜测是当时富贵人家的老爷或是有一定级别的官员所使用的（图2-230）。

（3）川作脸盆架的地域特色

川作六足脸盆架搭脑下方空间的作法较为特别，与我国其他地域有所不同。如王世襄的《明式家具珍赏》中列举的脸盆架形制是这样的：脸盆架搭脑下方往往由三根横枨分为四段空间，最中间的一段往往装饰透雕的绦环板，称为中牌子，是整个盆架装饰最为考究的部分。与之相较，川作地区的脸盆架位于中间的花牌往往非常短小，反而把大部分空间面积留给了紧挨着搭脑的部分，这部分往往安装透雕或浮雕的绦环板作为花牌，成为川作脸盆架中最受重视的装饰部分（图2-231）。

同时，民国时期，受西方家具"添底加顶"形式的影响，六足脸盆架的搭脑不再仅仅是传统的两

图2-230　大漆描金三弯腿脸盆架

《明式家具珍赏》中的脸盆架　　　川作民间传统脸盆架

图2-231　川作脸盆架搭脑下方空间的作法

图2-232　川作脸盆架的顶饰

端出挑的横枨形式。相反，这时期的搭脑两端往往不出头，而是在搭脑上部增加一个圆雕或透雕的顶饰。这类顶饰往往较大，雕刻繁缛精细，以此来增加盆架的华丽（图2-232）。

2. 衣帽架

（1）川作衣帽架的形制

古代衣架其形式多取横杆式，主要用于搭衣服而非挂衣服。两侧有立柱，下有墩子木底座。两柱间有横梁，当中镶中牌子，顶上有长出两柱的横梁，尽端圆雕鸟兽或花草。明代衣架继承古制，基本造型大同小异，造型普遍简练大方，圆润流畅，做工精细。进入民国以后，有些人改变了搭衣服的方法，在衣架的搭脑安装衣钩，从而改变了以往"搭"衣帽的方式，变为"挂"。

衣架和帽架原本是分开的，民国时期将二者结合了起来，而且从形制上简单了很多。一般衣帽架只是一根柱形，下有支腿支撑，上部挂有四到六个铜挂钩，或是中间加个搭放衣物的圈；还有一种挂在墙上的，横杠可以旋转支出来。和上面三种形式的衣帽架不同，川作衣帽架多是以两根立柱支撑的窄高形制，挂钩数目三五不等，重点装饰的"中牌子"也移到了搭脑下面，这一特点和川作脸盆架有相似之处。

（2）川作衣帽架实例

① 落地衣架

这是一个简单的落地衣架，两根主支架，四根横条，主支柱落地分别有两根横条，横条上镶有两方棂格纹站牙。第一根横条上有一个铁质挂钩，上面两根横条间有四根镂空花纹的竖木条，第一、四根上是倒正方形连长线，下有葫芦连线橘子镂空纹；第二、三根是典型的几何图形，下有葫芦连线，如意云纹代表着吉祥如意。底部有一对几何形站牙。下两根横条，个中有平均排列的四个孔。上四孔比下面横条四个孔要大。其中下两根横条间的孔，里面应该有上大下小的插条，已经遗失。铁钩上的钉子是后期修复过的，是榫卯结构的做工，但多有缝隙，说明做工并不精细，可能是近代普通民用家具（图2-233）。

② 衣帽架（之一）

矩形搭脑顶端各削去一个等边直角三角形，上

刻有对称的45度斜线，中上部有一白色挂钩，但从其两侧剥落的痕迹来看，原来应该是装挂钩的，也就是说原本应有三个挂钩，可能是由于时间较久又未能得到好的保护而致脱落。搭脑下接两根不出头立柱，中间有一横撑，在横撑与搭脑中间嵌有数条长短不一的直枨排列组合而成的"牌子"，"牌子"中部有一倒置三角形雕饰构件，似粘贴在其表面。下部两横撑间装有一攒框嵌板，其上亦有竖向排列有直线刻槽，壶门形底座之上立柱两侧有花边站牙挟持，两站牙构成葫芦状。整个衣帽架由简单直线和曲线构成，以直线为主，曲线起点睛作用，简洁而大方（图2-234）。

图2-233 落地衣架

③ 衣帽架（之二）

搭脑由两块板拼接而成，靠上一块板中部有凸起的弧线，下方则为素直的矩形，搭脑夹在两根立柱中间，立柱顶端与弧线搭脑两端平齐。挂钩装在较上侧的弧线搭脑上，但依稀可见其两侧及立柱上有装过挂钩的痕迹，也就是说，图2-235的这件衣帽架和图2-234"衣帽架（之一）"一样，这件衣帽架不止一个挂钩，很可能有五个。在搭脑与中部横撑之间同样有"牌子"，分为三个部分，中部为两个对接的宝瓶形状，两侧各有一根直梃，分布均匀且对称。拱形底座之上和立柱前后上只有两根横撑相抵，构成三角形，简洁却又不失稳定性。立柱下端仅以一横撑相连，并无多余构件。

图 2-234　衣帽架（之一）

图 2-235　衣帽架（之二）

④ 衣帽架（之三）

如意灵芝形搭脑，中间刻有桃子，寓意长寿。搭脑下横撑上装有一个个挂钩，在此横撑与衣帽架中部横撑中间，嵌有雕花牙板，牙板中上部透雕蝙蝠纹，寓意福贵；中间透雕的葫芦纹寓意多子多孙。两根立柱不出头，其上各装有两个挂钩（图2-236）。

衣帽架的用途主要是晾挂衣物，但也有放置洋伞的作用，从下半部分的两根横枨上面分布着直径大概为1.5 cm的三个小孔来看，其作用可能是插放女性用的洋伞；或是在圆孔中插入相应的木杆，可以放置帽子。衣帽架的底座采用的是屏风式的底座，为的是使衣帽架能够稳固地摆放在地面上。使用的场所主要是房屋的入口，或是卧室。

⑤ 西番莲纹仿古衣架

搭脑由一块平板浮雕西番莲纹而成，线条优美而高雅，搭脑下方紧接一横撑，夹在两立柱中间，横撑上有一个双层挂钩，同一水平线上的不出头立柱上也各装一个双层挂钩。在此横撑与衣帽架中部横撑中间，镶嵌四个有镀镂的雕花板，使整体造型更加精细耐看。拱形底座之上立柱前后装有站牙，形状与图2-234"衣帽架（之一）"中的相同。底部两横撑之间攒框嵌素平板。未上漆，原木本色为其增添了素雅和古旧之感（图2-237）。

图 2-236　衣帽架（之三）

图 2-237　西番莲纹仿古衣架

⑥ 攀枝云纹衣架

搭脑顶部如山峦交错，其上的花草浮雕精致卓越。搭脑下横撑和两侧立柱上各装有一双层挂钩。横撑下方嵌一块细长镂空牙板，两端透雕攀枝纹，中部透雕纹样恰似国民党党旗上的圆圈加星形图案。中部横撑和最底部横撑及立柱内侧均起阳线，两横撑间有一直径较小的圆柱，插接在立柱上，可用于搭靠洋伞或搭挂短小便服。洼堂肚形底座上装有云纹牙子，为整体造型增添几分儒雅之感（图2-238）。

⑦ 民国衣帽架

这是一个民国时期的衣帽架，搭脑形似建筑上屋檐，两头向上弯曲挑出。搭脑下横撑与两侧立柱上各有一挂钩。上部两横撑中间嵌有三个镂空花板，以圆形为主，简单中又富有变化。立柱不出头，底端前后有装有披水站牙挟持，下部两横撑间嵌有素板。整体结构稳固，造型美观，功能实用（图2-239）。

图 2-238 攀枝云纹衣架

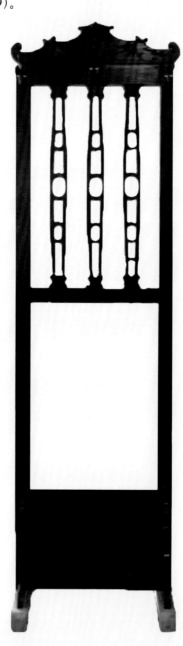

图 2-239 民国衣帽架

3. 穿衣镜、屏风

明清家具中没有穿衣镜，因为玻璃和镜子在中国都不多见。到了民国初年，玻璃和镜子被从欧美引进到国内，并在家具中得到大量使用，尤其是穿衣镜、梳妆台、大衣柜和床头柜等卧室家具应用得比较多。起初为一些富家所拥有，常常摆设在门前，以便主人与客人出门前照一照。穿衣镜也分大小，有的穿衣镜很窄，两根旋木的柱子，有底座和顶帽，都用透雕或浮雕予以装饰，大都是海派风格。

四川地区找到的穿衣镜和屏风素材并不多，下三图为收集到的实物样式。

① 穿衣镜（之一）

这件穿衣镜宽度比较窄，镜面嵌在木框中，两立柱高度到镜面中间，立柱上端刻有拐子纹雕饰，顶部有使镜面翻转的插销。底座造型与川作衣帽架相似，两横撑间攒框嵌板，平板上阴刻委角矩形。底部装有洼堂肚牙板，牙板前后方向撇出，与拱形底座连接。立柱前后底座之上装有站牙，以稳固整个镜身。通体以直线为主，装饰简洁，顶部无雕饰（图2-240）。

② 穿衣镜（之二）

整体造型类似明清家具中的座屏，只是把屏风中嵌的山水花鸟图案嵌板换成了镜子。底座较为厚重，透雕站牙，弯曲腿足，花边牙板。镜面上印有恭贺喜庆主题的字样，下部嵌板上亦刻有文字。这类穿衣镜多是当作礼品赠送他人，或祝寿或庆功或祝福（图2-241）。

图2-240 穿衣镜（之一）

图2-241 穿衣镜（之二）

③ 五扇围屏

这是四川地区难得一见的折屏风，按理说折屏风的扇数一般为双数，而这件却是五扇。顶部和下部满是镂雕纹样，两侧立柱出头，底部有透雕角牙。包锦木框做法，上无任何装饰图案。靠左两扇屏心颜色为较深的紫红色，中间为白色；靠右两扇屏心的颜色为淡淡的粉红色。扇与扇之间装钩钮，可以随意折合开启（图2-242）。

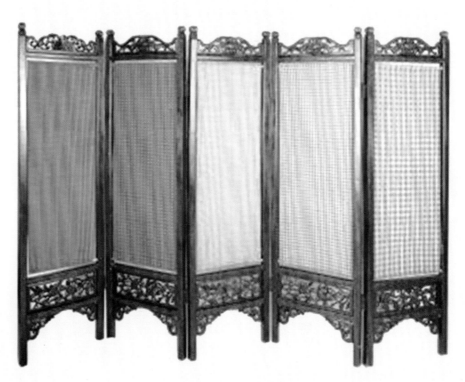

图2-242　五扇围屏

叁

川作家具的
结构件分析

一、坐具类家具的结构件分析

1. 川作座椅的搭脑

（1）竹节式搭脑

川作椅子的最大特征在于搭脑和扶手的处理，其硬朗刚劲的转折样式是川作风格的一大特点。其中搭脑的做法，类似于罗锅枨，中部凸起，两边下沉，只是在转折处比罗锅枨急，一般罗锅枨凸起部位和下沉部位过渡比较平缓，成钝角；而川作椅子的搭脑中间凸起和两边下沉转折很大，极端的情况下，搭脑好似由三段短材错位拼接而成，而实际上是由一根整木料制成。在错位拼接处露出了木材的横断面，犹如受到了外力，断裂开来。这种断裂式的结构棱角分明，给人一种非常强的力度感，显得十分硬朗，不似苏作那种圆润、柔婉，呈现出川作家具独特的风格面貌。川作椅子的扶手也通常带有这种断裂式的造型样式，和搭脑相呼应，强化了整体的硬朗之风。

这种断裂式的搭脑和扶手样式，笔者曾听四川当地的家具古董商称之为竹节搭脑。竹节搭脑这种称呼似乎有一定道理，在搭脑的外观上，这种一节一节的样式和竹子确实相似，转折处也宛如竹节，这种称呼的来源后文有详细的论述，此处暂且称这种川作断裂式的搭脑为川作竹节搭脑。

（2）灵芝云头搭脑

川作灵芝云头搭脑在川作座椅中很常见，为川北的典型样式，极具四川当地的地域特色。这种云头搭脑形式多变，种类丰富。从视觉外观上看，共同的特征为靠背立柱上端对称地向内兜转，中间承接一个云纹搭脑，云纹中部下垂为灵芝纹样式，灵芝头部装饰一圈阳线。这种川作云头搭脑曲折有致，优美流畅。

靠背立柱上端向内卷曲的部分和靠背立柱看似为一体的，实际上是两个独立构件，通过卯榫结构连接。卷曲部分和搭脑，从外观上看，似乎

图3-1　川作椅子竹节式搭脑

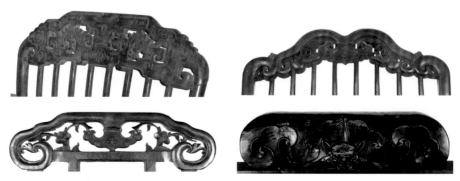

图3-2　川作椅子灵芝云头搭脑

相互独立，实际是由一块整板制作而成。这种制作的内部结构和外在的视觉效果不一致的状况，在川作家具中很有普遍性，在川作椅子前腿间的迎面枨上也出现类似的情况。这种结构在正面通常是看不出的，只能通过观察其背面，才能看出其制作时的结构。

（3）龙头搭脑

川作龙头搭脑一般呈左右对称，为双钩形，镂雕一对龙首，龙首通常伴有祥云和仙草，以此和周围部位连接，增加镂空龙首的牢固性。有的龙身带足，踩在靠背板图案上，起到支撑作用。两龙首间常捧一如意形或荷叶形的搭脑。

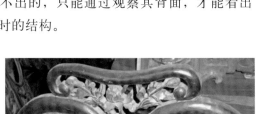

图3-3　川作椅子龙头搭脑

2. 川作座椅的靠背

椅子的靠背是椅子的各个部位中最能吸引观察者眼光的地方，是整把椅子的视觉中心，因而靠背的装饰显得尤为重要；同时，由于靠背不是主要的承重构件，结构功能不是太强，所以也给装饰留下了很大的空间。古代的能工巧匠在椅子的靠背上花费了大量的心思，以展示自己的手艺和才能，因而川作椅子的靠背凝聚了古代人们高超的智慧。

（1）透雕缠枝纹靠背

缠枝纹为中国传统吉祥图案的主要类别。在元代，缠枝纹非常盛行，在保留下来的元代瓷器上可以看到大量的缠枝纹装饰图案。缠枝纹是以植物的枝叶或藤蔓做骨架，经过交替、穿插、缠绕等艺术处理，形成婉转有致、曲折多变的艺术图案。缠枝纹因其缠绵绕转的特点，有生生不息、连绵不断的吉祥寓意。

在川作座椅中，很大一部分座椅的靠背样式是透雕的缠枝纹。其中依据构成植物的不同，可以分为缠枝梅花纹、缠枝葡萄纹、缠枝莲花纹等。

① 缠枝梅花纹靠背

梅花在中国传统文化中占据了很重要的地位，从古至今，人们赋予了寒冬盛放的梅花太多的象征含义。人们通常认为梅花是迎春报喜的象征，经常与喜鹊组合，寓意"喜上眉梢"。

在川作座椅的靠背中，常采用一块整板或两块

图3-4　透雕缠枝梅花靠背

板拼接，透雕梅花枝，和雕梅花的靠背立柱连成一体，其间点缀朵朵梅花，显得疏朗有致，生意盎然。喜鹊在梅花间或飞翔穿梭，或立于枝头休息，呈现一幅迎春报喜、欢快喜庆的吉祥画面。

② 缠枝葡萄纹靠背

葡萄丰收时，成串的果实挂满枝头，很是令人喜悦。在人们心中，成串的葡萄还代表着子孙满堂的美好愿望。

缠枝葡萄纹靠背以葡萄藤为靠背立柱，葡萄藤向内兜转，从中部向下垂下，枝蔓间布满串串葡萄。一般这种靠背中间带有磬形雕博古纹花板。

图 3-5　透雕缠枝葡萄纹靠背

③ 缠枝莲花纹靠背

四川和佛教兴盛的西藏接壤，川西地区有大量藏族人口居住。佛教文化对四川的经济、生活都产生了重要的影响，由此也诞生了佛教圣地峨眉山、著名的乐山大佛。

川作家具的装饰很多以莲花为图案，莲花元素在川作座椅的大量出现，主要还是受当地流行的佛教文化影响。缠枝莲花纹靠背以莲梗、莲叶、莲花共同缠绕而成。

往多段和少段方向发展，丰富了靠背板的样式，极具四川地域特色。依据靠背板攒接的段数和样式，可分为四段攒框嵌板、三段攒框嵌板、两段攒框嵌板、独板、梳背嵌板五种。

① 四段攒框嵌板

四段攒框嵌板在川作座椅中不是很常见，使得这种样式独具一格。这种四段攒框嵌板的结构能加大靠背板侧面的弯曲度，使得靠背板为"S"形，更能贴合人的背部，增强舒适度。一般这种四段攒框的靠背板，会在亮脚上增加一段镂空绦环板，上雕卷草和花卉纹。

图 3-6　透雕缠枝莲花纹靠背

（2）攒框嵌板靠背

四川民间传统座椅的靠背板形式种类非常丰富，制作手法多样。一般攒框嵌板靠背的制作手法为三段攒接而成，但是四川地区突破了这种段数的限制，

图 3-7　四段攒框嵌板

② 三段攒框嵌板

三段攒框嵌板的形式在川作座椅的靠背板中比较普遍，这种样式的底部一般为具有川作特色的花卉纹亮脚，中间部分比较长，浮雕各种吉祥图案，为靠背板主题图案。顶部较短，向后倾斜，使得靠背板具有了曲度，增加了舒适性。

图 3-8　三段攒框嵌板

③ 两段攒框嵌板

两端攒框嵌板看似制作简单，其实不然。由于段数少，要想使靠背具有合适的曲度，只能通过调整嵌板本身的弯曲度。制作同靠背板边挺弯曲度相同的嵌板，其难度肯定比制作平直的嵌板复杂多了，并且更为耗材。这种形式的靠背的特征是外观非常简洁、整齐。

图 3-9　两段攒框嵌板

④ 独板靠背

四川传统民间座椅中采用独板靠背板的椅子，一般做工比较严谨，雕刻精美。独板和攒框嵌板的结构相比，独板要求的用料要厚实，厚度为嵌板的 2 至 3 倍。采用厚实的木板，主要是考虑了靠背板支撑强度的问题，由于独板靠背省略了攒框嵌板的靠背边挺，只能通过增加独板的厚度来加强靠背的支撑强度。

图 3-10　独板靠背

⑤ 梳背嵌板靠背

梳背嵌板是在梳背的基础上镶嵌雕刻板而成。从正面看梳背的直棂是不连续的，和嵌板融合在一起。这种做工是事先在平板上雕刻好装饰图案，之后在平板背面挖槽，槽的大小和直棂大小相近。由于梳背直棂为上小下大的圆锥形，把平板从上部卡进直棂中，用力一压，平板就能牢固的卡在其中了。此种做工把雕刻图案独立出来，方便雕刻，同时安装也简单，展现了古代四川劳动人民的智慧。

图 3-11　梳背嵌板靠背

3. 川作座椅的椅腿

中国传统家具的制作和中国传统建筑的制式有着很深的渊源，如家具的无束腰家具和传统的梁柱结构建筑。家具的腿和横向连接的帐子有如建筑的柱子和梁，家具的腿和建筑的柱子一样，带有一定的扎度，以求结构的稳固。在四川地区制作的民间家具，也能体现川西民居的特征。

在传统建筑中常有栏杆衬托，栏杆主要由望柱、寻杖、栏板三部分组成，有的加设横档或花饰部件。栏杆在中国的发展历史也比较悠久，宋朝时期主要为木质栏杆，到明清时期为石质栏杆。栏杆为中式建筑一大特色，具有深厚的传统文化特征。

图 3-12　传统栏杆结构示意图

在图 3-13 的川西民居中，木质栏杆的望柱和房屋的柱子合二为一，在柱子的上部雕栏杆的望柱头样式。在川作家具的制作中，古代工匠借鉴了栏杆的样式，在椅子和茶几的腿部采用了类似的结构。椅腿和茶几腿部的上端雕刻成栏杆的望柱头样式，上雕饕餮装饰纹样。在图中的川西民居中，木质栏杆的望柱和房屋的柱子合二为一，在柱子的上部雕栏杆的望柱头样式，和川作椅子腿柱上端雕刻样式一致。

图 3-13　四川民居栏杆结构

图 3-14　川作座椅的椅腿部分

图 3-15　川作座椅和茶几的腿部

4. 川作座椅的格子枨

在川作家具中，常见到此种类型的枨子，通常为劈料制作，斜着削去劈料枨子中部下边的部分，在转折处通过嵌入菱形小木块，刻意地处理成连贯的线条，暂且称之为"川作格子枨"。

川作格子枨整体造型大致可分两类。一类为一根劈料式的长枨子连接椅子两个前腿，然后在枨子和腿连接处分出一对上下延伸的花型牙头，在长枨的四分之一和四分之三处左右对称地分出一对花型牙头和椅子束腰相连接。劈料式长枨子中部，也就是左右对称的牙头之间部分，削去双劈料样式的下边，只保留上边部分，通过在其连接处嵌入一个小的菱形楔子，连接劈料枨子的上下部分。此类枨子在视觉上宛如三条相互独立的折形线条组成，显得既美观又简洁（见图3-16"川作格子枨"）。也有在中部多延伸出几条花型牙头或者嵌卡子花，视觉效果更为丰富（见图3-17"川作嵌石榴卡子花格子枨"）。另一类在第一类的基础上，在左右对称的花型牙头之间增添了一个方框。做法为劈料长枨中部凸起，连接横枨和座面底端的竖向枨子为双劈料样式，座面底端加设一横枨，三者组成一方框，方框中可嵌雕花板（见图3-18"川作嵌镂雕花板格子枨"），也可设连续排列的浮屠式矮脑（见图3-19"川作浮屠式矮脑格子枨"）。这种样式给装饰留下了更大的发挥空间。

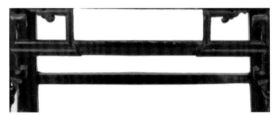

图3-16　川作格子枨

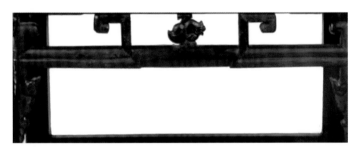

图3-17　川作嵌石榴形卡子花格子枨

图3-18　川作嵌镂雕花板格子枨

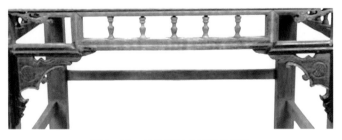

图3-19　川作浮屠式矮脑格子枨

5. 四川民间传统座椅的牙头与亮脚

在川作家具中，有一种很具当地特色的牙头。这类牙头最大的特点，是在横竖材直角地方留有一处空隙。其应用非常广泛，不仅应用在家具的横竖材相交处，还常出现在民居的雀替构件和门窗的雕花中。

川作椅子的亮脚一般为折枝花卉样式，几百年都基本上保持了这一样式，只是在不同的时期，四川的工匠又都会做一些变形，变中不变的一路传承

下来。这其实也是中国传统家具制作的规律，如束腰家具和无束腰家具两种基本样式都延续了上千年。本节挑选了一些川椅背板亮脚部位做说明，这组亮脚虽然形态各异，但都有一个共同点，就是在镂空的内部带有半边形花朵。而综合各自所属椅子其余部位的时代特征，大致可以推断出现时间先后顺序如图3-22所示。川椅亮脚部位还常出现蝴蝶形的开光，开光上部起阴线，浅刻一对蝴蝶触角，对称挖空两边的翅膀，内部通常也带镂空花纹。

图3-20 川作座椅中的牙头

图3-21 四川民居花窗中的牙头

图3-22 先后出现的川作座椅靠背板亮脚

图3-23 川作座椅靠背板的蝴蝶亮脚

6. 川作坐具的人体工程学评价

（1）川作坐具的尺度评价

① 坐高

根据《中国成年人人体尺寸》的有关数据，西南地区的小腿加足高的尺寸，男性为401 mm，女性为366 mm。加上可能存在的鞋底厚20~66 mm，理论上川西坐具的坐高应该在386~467 mm，而实际测量的数据显示四川坐具的坐高为450~501 mm。从数据上来看，如果排除使用管脚枨，坐高偏高，可能致使

大腿神经受到压迫，导致腿部不适。但是川西坐具中普遍设置了管脚枨。管脚枨的设置，不仅可以缓解座面对大腿神经的压迫，稳定使用者就座时的重心，同时也达到了较大的坐高尺寸体现使用者身份和地位的目的。

② 坐深

根据《中国成年人人体尺寸》的有关数据，西南地区的臀膝内侧距的尺寸，男性为443 mm，女性为420.5 mm。实际测量的四川坐具的坐深为

401~464 mm。由于座椅的坐深是根据人体的臀膝内侧距减去适当腿内侧与椅座前沿适当的间隙，并加上适当的臀部与靠背之间的活动距离，所以四川坐具的设计尺寸与四川人民的人体尺寸是相符的。

③ 坐宽

根据《中国成年人人体尺寸》的有关数据，西南地区的坐姿臀宽尺寸，男性为 310 mm，女性为 331 mm。实际测量的川西坐具靠背椅的坐宽为 460.2 mm。靠背椅的坐宽是由人体坐姿臀宽尺寸加上适当的坐姿活动距离而获得相应的坐宽尺寸，在此，四川坐具的实际测量坐宽大于女性的坐姿臀宽近 130 mm，为使用者在座椅两侧留有近 65 mm 的活动尺寸，既保证了充足的活动尺寸，又

不至于使过宽的坐宽影响坐具的整体美感和平衡感。西南地区的坐姿肘宽尺寸，男性为 401 mm，女性为 382 mm，实际测量出的扶手椅的坐宽尺寸为 487 mm，同样保证了使用者的正常使用和座椅的整体的美感平衡。

④ 靠背高度

根据《中国成年人人体尺寸》的有关数据，西南地区的坐姿肩高尺寸，男性为 582 mm，女性为 541 mm。实际测量的四川坐具靠背椅的靠背高度为 450~590 mm 不等。从数据来看，四川坐具的靠背高度符合四川人民的人体尺寸。让使用者在就座的同时，肩部和颈椎部位得到有效的支撑。另外，部分坐具的 S 形靠背，符合人体脊椎的 S 形状，使背部也获得有效的支撑。

部分四川传统民间座椅椅子的尺寸数据

（单位：mm）

尺寸 椅子编号	椅高	坐高	靠背高	扶手高	椅盘长	椅盘宽	椅盘长宽比
PP-YF031	820	420	400	155	535	417	1.28
PP-Y030	850	410	440	无	390	380	1.03
PP-Y019	920	460	460	无	460	370	1.24
PP-YF033	930	520	410	160	595	465	1.28
PP-YF018	1 000	535	465	188	615	475	1.29
PP-YF015	1 015	540	475	167	590	450	1.31
PP-YF014	1 025	520	505	165	585	460	1.27
PP-YF012	1 045	528	517	无	575	440	1.31

表中选取了一部分川作椅子的尺寸数据。通过表格可以看到，四川传统民间座椅的椅盘长与椅盘宽的比例通常在 1.3 左右。可见古代的四川工匠对于一些尺寸的把握并不是随意而为的，而是遵守着一定的规范和传统。而这种规范一定是经过古代工匠不断的摸索和比较后，觉得以这种 1.3 的比例制作比较方便，同时制作的椅子非常耐看，因而经过师徒言传身授，才一代一代传承下来。

川作座椅的座面高度通常和国内其他区域的椅子坐高差不多，可是川作座椅的扶手高度却明显低于国内其他区域，如晋作家具、鲁作家具等的椅子扶手高度。究其原因，可能和古代四川地区的人们的身高比例有很大关系。四川地区的人较山西地区

和山东地区的人普遍偏矮。从地域差异性来看，四川人民的人体尺寸处于全国的各地区人体尺寸的最低水平，其身高百分位是在 10%~50% 之间，故其相对应的各项尺寸也在国家整体平均尺寸的偏下水平。

在日常生活中，座椅在家具中是和使用者的身体接触最多的家具，其制作的尺寸和使用者的身高比例有很大的关联，制作尺寸是否合适决定了使用者的舒适性。但在中国传统文化中，座椅所代表的象征意义是最重要的，如人们常说的第一把交椅、太师椅等，座椅往往和使用者的身份地位相关联，而舒适性的考量只能位居其次了。这就能明白川作座椅坐高较高而扶手却低，这看似矛盾，实为一体。川作椅子座面高度比较高，可以使得坐姿比较高大伟岸，腿部的支撑

全国三个区域的人体平均尺寸

（单位：mm）

部位	较高人体地区（冀、鲁、辽）		中等人体地区（长江三角洲）		较低人体地区（四川）	
	男	女	男	女	男	女
人体高度	1 690	1 580	1 670	1 560	1 630	1 530
肩宽度	420	387	415	397	414	386
肩峰至头顶高度	293	285	291	282	285	269
靠背	893	846	877	825	850	793
上身高度	600	561	586	546	565	524
胸廓前后径	200	200	201	203	205	220
上腿长度	415	395	409	379	403	378
大腿水平长度	450	435	445	425	443	422
上臂长度	308	291	310	293	307	289
前臂长度	238	220	238	220	245	220
臀部宽度	307	307	309	319	311	320
下腿长度	397	373	392	369	301	365

放在踏脚枨上，解决了坐高太高而足部不能着地，找不到支撑而容易产生疲劳的问题。而扶手较低，又可以让使用者能很舒适地倚靠，得到很好的休息和放松，达到了精神功能和实用功能的完美结合。

（2）川作坐具的视觉评价

中国文化是和谐文化，强调均衡、对称、统一，家具也因此显现出规矩、平稳的形态。

① 对称之美

对称是中国美学的一个基本原则，尤其在古代，这种对称的审美概念较今天而言更为广泛，基本上所有的古家具，包括从隋唐时期的桌、长凳，到近代的明清家具，都基本上严格遵循对称为美的原则。细部的结构、图案，到整体空间中家具的布置，大体都遵循这个原则。川作家具的对称原则，主要体现在形制结构和雕镂图案上，在所测量的家具中，包括坐礅在内，两边扶手、鹅脖、雕镂的花纹，靠背形制与图案，都严格遵照左右对称的原则来制作。给人以对称均衡之美感。

② 均衡的比例，稳定的视觉感受

传统上，中国人以内敛、稳重为德。中国的审美观点也因此受其影响，以稳重平衡之感为美。良好的比例是构成家具形式美的重要因素。由于古代家具制作是手工操作，在有着较多的细部和装饰部件的家具构件中，要做到各个部分比例关系达到增一分则长、少一分则短的完美程度，确非易事。在所有中国的家具中，家具的比例尺寸做得最好的要数明式家具，以圈椅为例，其优美的坐深与坐宽的黄金比例及靠背直径大圆与扶手直径的小圆呈外切形状，让人不禁惊叹家具中的比例竟然是如此深邃，又运用得如此得当和完美。

川作家具虽然没有严格遵守一个固定的准确比例来制作，但是大致还是有一定的范围和规律，比如：坐宽与坐高的比值。没有扶手的较大尺寸的坐具的大致比例都在 1.2:1 左右，中间尺寸的比例在 1.1:1 左右，而小尺寸的坐宽与坐深的比例在 1:1 左右，比例均大于 1。像扶手坐具的坐宽与坐深的比例，大尺寸的坐具比例为 0.79:1，中间尺寸的比例为 0.772:1，小尺寸的比例为 0.879:1。又如，坐高与靠背高度的比值。无扶手的大尺寸的比例在 1.14:1 左右，中间尺寸的比例在 0.898:1 左右，小尺寸的比例在 0.9001:1 左右，平均比值在 1 左右。有扶手的比例，大尺寸坐具的比例大约为 1.08，中间常规尺寸的比例为 1.059，而小尺寸坐具的比例为 0.914。这些比例尺寸，与坐具的整体尺寸大致成正比。

川作坐具的结构，随其不同的设计体量感，在坐高和靠背高度上求其平衡之美。从尺寸上看，扶手椅由于座面以上有扶手的关系，为保持整体座椅上下体量的平衡，故上部在高度上普遍较坐高要小；而靠背椅，由于没有扶手的关系，为了保持坐具整体体量感的统一，其坐具靠背高度与座面高度的比例，随着上下两个部分不同的设计体量感而相对进行调节；对靠背图案设计较为繁复的坐具，其坐高基本上是稍稍大于靠背高度。

③ 多样的线条造型

结合了传统坐具工艺中的大体形制和西方欧式线脚造型，川作坐具中反映出形形色色的曲线美。腿部的三弯腿的曲线造型来源于西方欧式的线脚造型，扶手鹅脖处的曲线来源于我国传统家具中鹅脖的曲线造型，在靠背部分的镂空和雕花更加精彩夺目，有的简约流畅，有的繁复华美。

④ 精美的雕镂工艺

在川作坐具的靠背中部，扶手鹅脖处，牙条处，均有出现精美华丽的雕饰，并饰以不同的颜色，呈现出图案的立体性。华美的雕饰不仅呈现出当时木匠精湛的工艺技术，以及当时该坐具主人的地位和品味，而且从这些图案和雕饰中发现了许多中国民间的传统吉祥图案，其内涵意趣也让我们对古代吉祥图案文化和当时当地人们的风俗和审美有了进一步的认识。

川作坐具中出现了大量中国民间传统的吉祥图案，象征着人们对幸福生活的向往和热爱。题材以吉祥图案、戏曲故事、山水和花鸟虫鱼等为多。民间习俗与传统题材有人们喜闻乐见的"八仙过海""和合二仙""福禄寿"等；山水题材，主要以大理石镶嵌的抽象写意图案居多，如"寿山旭日""彰山叠翠""石洞流霞""大屏积雪"等山水风光；还有以自然花卉、树木、八宝博古、云头、回纹、几何形体和诗文为内容的木雕，表现吉祥如意的"喜（喜鹊）、禄（鹿）、封（蜂）、侯（猴）""喜事连（莲）年""鹿鹤同春""五福（蝠）捧寿""喜雀登梅"和"岁寒三友"，以及石榴象征多子，桃子代表长寿，牡丹表示富贵等寓意丰富的吉祥图案。

另外，在当时的历史条件下，坐具的图案中也出现了许多欧式风格的图案，如卷草垂花和各色柱式图案，如巴洛克式的螺旋状柱子，也被称为"麦糖柱式"或"所罗门柱式"、纺锤式等立柱。

（3）川作坐具的触觉评价

与明清家具不同，川西家具的靠背部较少出现"S"形曲线，大部分的坐具靠背部分呈一定角度的斜直线，并在颈肩部位做了较为特别的设计，一部分靠背椅在搭脑部位呈一定的圆弧型，使得身体处于靠背曲线的包围中。这种搭脑曲线型的设计，较直线型的肩靠更加贴合人体的肩部曲线。另外，有些座椅在座面上做了下凹设计，使大腿在与座面接触的时候更加贴合人体曲线，减缓了座面对腿部神经的压迫，久坐而不觉累；在后颈部位，做了弧形曲线设计，使人在向后靠的同时，后脑勺可以正好依靠在靠背上部的曲线里，给后脑以恰到好处的支撑。

图 3-24　座面下凹的座椅

从材质上，靠背上的材质较为丰富，常用于制作靠背的材质有木质靠背（有杉木、榆木等）和石材面心相结合，石材种类主要有大理石、花斑石、紫石、青石、白石、绿石及黄石等。大理石给人以庄严肃穆甚至有些冰冷的感觉，一般像这样的坐具都是带有扶手的，主料都是较为珍贵的木材，放置在厅堂中。大理石上若隐若现的水墨图案，给整个厅堂带来了写意的情绪。石与木两种材料的自然结合，石的冷与木的暖相互平衡，为我们呈现了另一种自然之美，显示了主人独特的品味和生活作风，这也与四川人民爱好休闲的日常生活相吻合。

二、承具类家具的结构件分析

1. 桌面形态分析

桌面是桌子的基础构件之一，在一张桌子当中起到面板的作用，是使用者与桌子接触的最主要部位。在川作桌类家具中，桌面上的不同之处主要体现在桌面表面处理形式和桌边处理上。

① 桌面表面处理形式

川作桌类家具中，桌面形式主要为攒框嵌板和拼板结构，其中拼板又分为由几块小板相拼和两块大板相拼两种形式。民间家具主要为民间百姓使用，所以在材料的使用上会更多考虑到节约用材或者使用零散材料。拼板结构既形成了一种拼板艺术，又体现了民间家具的经济实用性。

桌面表面处理形式

攒框嵌板，面心由两块平板拼合而成，边框较宽

攒框嵌板，面心由四块宽窄不一的平板拼合而成，边框较窄

攒框嵌板，面心由四块宽窄不一的平板拼合而成

攒框嵌板，面心由四块平板拼合而成

面板由四块整板拼合而成

攒框嵌板，面心由四块宽窄不一的平板拼合而成，边框较宽

攒框嵌板，面心由五块宽窄不一的平板拼合而成，边框较窄

攒框嵌板，面心由四块宽窄不一的平板拼合而成，边框较宽

② 桌面边缘处理形式

桌面边缘处理形式在桌类家具的形态中占据重要的地位，且处理形式种类较多，较为复杂。桌面边缘处理形式会因使用场合的不同、使用材质的不同、桌子尺寸的不同而不同。四川民间传统桌类家具中桌面边缘处理的形式也是多种多样，本文总结归纳出14种桌面边缘处理形式。

方桌与圆桌的桌边处理形式大不相同。圆桌中，桌边处理形式有两种，即光素形和条纹形，条纹形的称为斩切处理方式。圆桌中的桌边处理变化不多。

方桌中桌边处理形式多样，变化性很强。从表中可以看出，在这些家具中，桌边形式虽然变化很多，但是有以下共同的特点，就是桌面边缘均采用了圆弧处理，大部分桌面为"双层叠加式"，有的为三层叠加，且叠加的形式均不相同。桌面层叠为四川传统桌类家具的一大地域特色。

另外，榫头的使用也是一个特点。这些桌面边缘常常用明榫，让本来为结构件的榫头暴露在表面，和这些传统桌类家具相协调，形成了一种点状装饰，与桌面表面的拼板相结合，增添了民间通俗的感觉，

桌面边缘处理方式

序号	桌边处理形式图片	桌边处理形式线性表达
1		
2		
3		
4		
5		
6		
7		
8		
9		
10		
11		
12		
13		
14		

也更具有古色韵味。

　　总的来说，川作桌类家具桌面和桌边的处理方式有以下特点：

方桌桌面表面采用拼板处理。

方桌桌面边缘常用明榫。

方桌边缘采用圆弧处理，且桌边缘处理形式多样。

方桌桌面分层，常常呈现"双层叠加式"，且这种形式在方桌中常见，为川作桌类家具桌面的主要形式，为四川一大地域特色；

圆桌桌边缘常采用斩切处理，形成条纹状，起到很强的装饰效果。

2. 桌腿形态分析

川作桌类家具的腿部形态样式丰富，善于变化。从与桌面或者束腰或者横枨相连的地方到与地面接触的足部，统称为桌腿。因此，桌腿可以分为腿部与足部两个部分，有时候这两者要结合起来研究，有时候也可以单独研究。以下将对这两者分别进行说明。

① 腿部

川作家具形态中以曲线形较多，而这一情况在桌子中，尤其是桌子的腿部形态中更为常见，其次是在梳妆台中。在川作桌类家具中，腿部形态可以分为两种：素腿和装饰腿。

四川民间传统桌类家具腿部形态分析

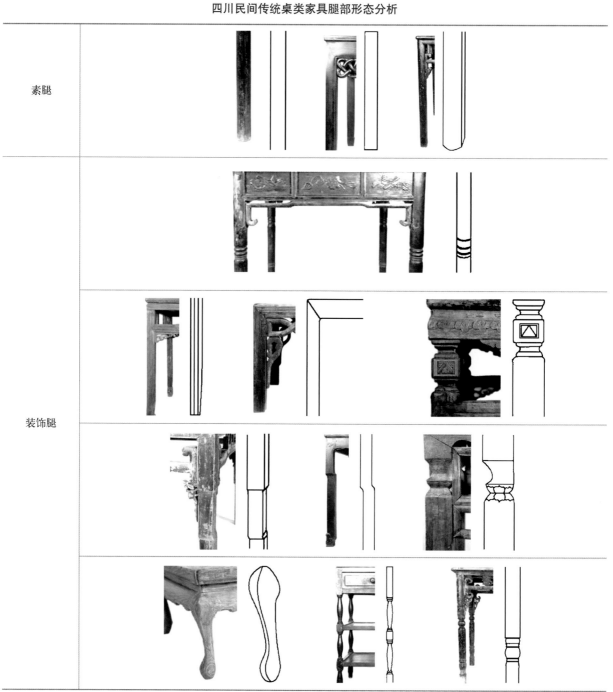

素腿	
装饰腿	

a. 素腿。即腿部没有装饰，表中三种素腿的区别之处在于端面形状，有方形、圆形和外圆内方型。方形和圆形为常见形态，重点是外圆内方型桌腿，表中素腿一类中的第三幅图片为外圆内方型腿的示意图。自古就有"外圆内方"这样的说法，多用来形容为人处世的方式。"方"，方方正正，有棱有角，指一个人做人做事有自己的主张和原则，不被外人所左右；"圆"，圆滑世故，融通老成，指一个人做人做事讲究技巧，既不超人前也不落人后，或者该前则前、该后则后，能够认清时务，使自己进退自如、游刃有余。史上有很多精通"方圆"之道而成就功业的。"外圆内方"在家具中的使用，正是当地人们的一种心理活动的体现，亦是当时人们理解的处事方式。

b. 装饰腿。这里装饰腿细分为车削型、异型、建筑型和仿生型四种。

• 车削型

车削型腿部多使用在整体形态较为纤细的桌子中，这类桌子的构件与装饰均较为细长。车削形态在建筑中常常可见，就家具而言，西方家具的腿部形态用车削型的较多，在中国清后期近民国的家具中也较为常见，原因是当时受西方建筑风格、家具风格影响较重。

• 异型

在桌类家具中，部分腿部形态采用了"断裂式"手法，这种造型特征在座椅类家具中搭脑和扶手构件上也出现得较多。在这里将这些形态列为异型类别。这种形态在四川民间传统桌类家具中的其他构件，如横枨中也有使用。

• 建筑型

家具与建筑之间的紧密联系早已得到了公认，有些家具甚至被认为是一座微型建筑。在川作桌类

四川民间传统桌类家具足部形态分析

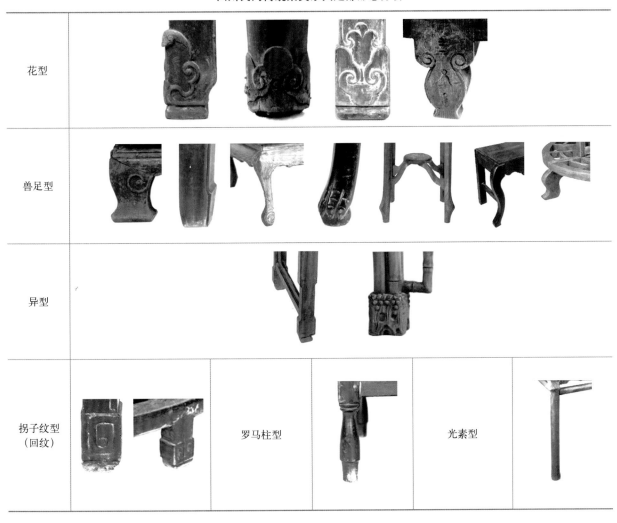

花型	
兽足型	
异型	
拐子纹型（回纹）	罗马柱型　　　　光素型

家具中，则表现为模仿建筑中柱子形状的桌腿。

●仿生型

川作桌类家具中，仿生型主要表现在桌腿的形态上，尤其是圆桌，大量使用兽腿，如马蹄形、狮腿形等。

从以上分析来看，素腿中虽然没有繁复的装饰元素，但仍包含了丰富的地域性文化内涵。在装饰腿中，以曲线形态为主，且曲线形态形式多样，涉及的内容、题材广泛，形态构成手法多样。

② 足部

在中国传统家具中，家具足部形态向来丰富多样，川作桌类家具的足部形态也不例外。比较常见的有花型、兽足型、拐子纹型（回纹型）、罗马柱型、光素型以及异型等。

在花型足部中，足部雕刻有婉转流畅的曲线形的花纹图样，配合足部本身的变化，为原本简单的足部增加了优美灵动之感。

兽足为传统家具中常用的形态。在川作桌类家具中也不例外，且出现的频率很高，主要有马蹄形、狮足形等。马蹄形主要出现在方桌中，其余的出现在圆桌和一些异形的桌子中。兽足的使用更多的是为了表达一种严肃、威严。在形态上，桌子在传递精神情感的同时也表现出了曲线的灵动。

拐子纹又称为回纹。回纹即"回"字形纹饰，形态是以一点为中心，用方角向外环绕形成图案。回纹在川作桌类家具上的应用非常普遍，并且在形态特点及装饰部位方面已形成一定的规律（见上表中所示回纹）。川作家具上的回纹形态主要有单体回纹、一正一反回纹（俗称"对对回纹"）和连续不断的带状形回纹（俗称"回回锦"）。在方桌中，最为常用的是单体回纹形态；对对回纹则常见于圆桌的足部，位于托泥下，一正一反，分别向内侧环绕两圈半。圆桌幅面较大，通常会在足部加托泥，增加桌子的稳定性。

3. 枨子、束腰和牙板的形态分析

在中国传统家具中，一些辅助构件的形态也是丰富多样的，川作桌类家具也是如此。川作桌类家具中的辅助构件可分为枨子、束腰和牙板。

枨子在一般的传统家具中有两种功能：装饰作用和加强稳定性。横枨一般会和矮老、卡子花一起使用。在椅子中，会有脚枨和前后横枨；而在桌子中，属桌面下横枨较为常见，也有一些桌腿下枨子，但较为少见。

束腰常常在桌案中出现，加强美感以及家具整体的曲线感。

牙板在桌类家具中较为常见，且牙板形态多为曲线型，在现代家具设计中也常常用到。

（1）枨子

在川作桌类家具的枨子中有上横枨、下横枨和霸王枨三种形式，以上横枨居多。且上横枨中，装饰作用和加固作用同时兼备的较多。

川作桌类家具中有的双横枨中使用的也是拐子形式的，同时具有装饰和加固功能。在方桌中横枨的使用较多，且形式多变。枨子中以上横枨居多，霸王枨也有，但是很少使用。方桌中枨子的形态多为曲线形的，有"断裂式"的、拐子龙式的以及变形拐子式的等。

在圆桌中，桌子离地面一段距离处常常出现形状类似霸王枨的枨子，这里称之为"异形枨"。这种枨子常和圆形或方形的薄板或圆柱搭配使用。

在川作桌类家具中，枨子的形态结合当地竹节错位的样式，将生活用具与自然生长的竹子相联系，体现了当地百姓生活与自然之间的紧密联系。另外，龙的符号也是川作家具中的一个特点，方桌中的枨子形态以龙符号化为主，这种龙形态的大量使用，在体现当地人对龙的崇拜与敬畏的同时，也表达了人们的精神寄托。

图3-25 "断裂式"横枨

川作桌类家具辅助构件形态

枨子	
束腰	
牙板	

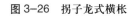

图 3-26　拐子龙式横枨

图 3-27　拐子式横枨

图 3-28　圆桌下的枨子

（2）束腰

束腰也是研究传统家具时不可忽略的部分。从样本家具中的束腰来看，束腰既有支承桌面的作用，又有装饰外观的作用。

在桌类家具中，束腰常常用作装饰。束腰作为桌面与牙板或者桌腿之间的过渡连接构件，在直线形为主的家具中采用曲线形，在曲线形为主的家具中则采用棱角分明的直线形，起到了调和的作用，协调了家具的整体形态，让家具的整体造型更加美观。

图 3-29　束腰形态

（3）牙板

在川作桌类家具中，牙板的形态多样，有动物仿生，还有几何形态的。不论是以上哪一种，都可以通过曲线来实现。因此，在川作桌类家具的牙板中，曲线形态是其特征。

在图 3-30 中，牙板的形态比较特别，左边的

图 3-30　形态别致的牙板

图中采用的是立体形态，上下有两层牙板。上层牙板中，桌边拐角处是形象生动的蝙蝠，牙板下边缘是丰富的曲线装饰，左右两边是对称模式。下层牙板两端与腿部相连，牙板下边缘依然采用与上层牙板相同的手法，上下呼应，风格统一。由于牙板的形态特殊，整张桌子形态也显得格外奇特。

右边的图中牙板形态为倒 U 形，两端与桌腿相连，带有花型装饰图案，中间部位有寿字纹装饰。这种牙板形态较规整。

图中两张桌子的牙板不论是奇特形态还是规整形态的，均有共性，那就是牙板边缘形态均为曲线形。这种造型手法在川作其他桌类家具中也有出现。

4. 川作桌类家具的结构装饰件分析

中国传统家具具有丰富的装饰题材，装饰中的形态也很多。在传统家具的装饰中，又可以分为结构装饰和纯粹的装饰两种。

（1）结构装饰部件及其寓意解析

前面文中提到，中国传统家具有丰富的装饰题材，装饰中的形态也很多。川作桌类家具也是这样。在结构装饰部件中，也有多种不同的形态。我们根据不同装饰类别进行分类、归纳整理，这里的结构装饰部件主要有枨子、束腰、牙板和腿足。

枨子在桌类家具中为常见装饰，更多的是起加

四川民间传统桌类家具结构装饰件

枨子	
束腰	
牙板	
兽腿兽足	

固结构的作用。从表中的枨子可以看出，方桌中的枨子主要采用的是拐子龙的形式，也有光素的枨子，这种枨子一般出现在整体素洁的桌子中。圆桌中，枨子较多出现在尺寸较小的四腿圆桌中，而形制较大的六腿圆桌则很少使用这种分离的枨子，更多的使用圆形的整体枨。

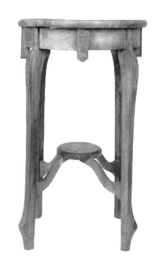

图 3-31　尺寸不同圆桌的枨子的比较

中国传统家具中的束腰装饰常常出现在椅类和桌类家具中。束腰能够调和桌面和腿部之间的生硬感，使得整件家具在整体形态上增加变化，避免呆板形象。

牙板和牙头均采用曲线形，为桌子增加轻盈感。

在结构装饰中，兽腿兽足的使用也是一个特点。不同兽腿兽足的使用则赋予家具不同的含义，也会让使用者产生不同的心理感受，同时也是人们不同心理需求的体现。另外，使用四川特色的仿竹节形式和断裂错位式构件的桌子也较多。

图 3-32　仿竹节式案

图 3-33　断裂式腿部形态

① 结构装饰的龙纹寓意解析

在川作桌类家具中，作为结构装饰存在的龙纹都是拐子龙形式，而且均是出现在横枨处，有的一些横枨是以变形的拐子龙的形式存在的，如拐子纹形式。桌类家具中的拐子纹形式见下表所示。

龙纹在四川民间传统桌类家具中结构装饰部分的应用

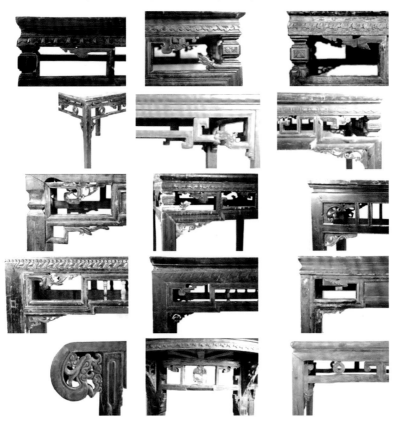

　　表中所示的拐子龙纹均是出现在桌类家具的横枨中，且与桌腿部相连接的地方为龙头部分。草龙只在画案中出现，与案面相连接。草龙本身形象可谓行云流水般婉转，刚好与下垂的画案形成很好的衔接。总的来说，在川作桌类家具中，枨子基本以拐子龙形式装饰为主，还有一些为卷草纹。龙为权势的象征，因此在传统礼制的约束下，具象龙纹一般都是出现在皇家或者贵族，在民间很少见，因此，这种写意龙纹普遍使用也是可以理解的。

　　② 兽腿和兽足的寓意解析

　　兽腿和兽足在中国传统家具中较为常见，同样，在川作桌类家具中，兽脚的使用也是比较多的，主要体现在圆桌中。川作桌类家具中也有多种兽足。

图3-34　兽腿

图 3-35　兽足

在川作桌类家具中，兽腿兽足较多出现在圆桌、半圆桌和一些特殊用途的桌子中，例如供桌、圣经桌、花几等特殊用途的承具。这里的兽腿主要有狮子形腿、马蹄形桌腿。从图中可以看出，厚实型兽足、兽腿使整件家具看起来更加稳重，且有威严感。在供桌中，使用的为狮子形腿，体现主人在供奉先祖时严肃、尊崇的心情；圆桌中，一般使用瘦高型动物的腿型，衬托出整件家具的轻盈感；另外，还有一类特别的桌子，就是圣经桌，圣经桌腿部采用的是车削件的形式，而在足部使用的是马蹄形足，给人感觉可以稳稳地支撑整件家具，具有更好的稳重感，也体现了这种特殊使用功能下的装饰要求。不论是厚重型的兽腿、足部还是细长型的兽腿、足部，在恰当的位置、功能需求下使用，都能起到很好的视觉和功能效果。

（2）线脚装饰

线脚是指家具的大边、抹头，或腿足的横断面，并不都是四方（含长方形）或圆（含椭圆）形，特别是看面（指露在外边的那一面）少数是平面，大多数是有不同洼鼓起伏的形状，看上去很舒服，手摸着也舒适。例如，有的像竹片那样呈圆弧形外凸起的，叫"竹片浑"，这就是家具上的"线脚"。家具上常用的线脚有多种，常见的有皮带线、碗口线、鳝鱼肚、鲫鱼背、芝麻梗、竹片浑、阳线、阴线、文武线、捏角线、洼线、凹线、瓜棱线、剑棱线、方线等共有几十种，但形状都是介于方（含长方）和圆（含椭圆）之间的变形。

在川作桌类家具中，线脚在装饰中是经常用到的，有时是单独使用，也有的是和其他装饰手法结合使用，都起到了很好的装饰效果。线脚装饰多出现在牙板、横枨和桌腿处。形态不固定，随着装饰部位的形态不同会发生变化（图 3-36）。

图 3-36　线脚装饰

5. 川作桌类家具的尺寸分析

总的说来，川作桌类家具在形态和装饰风格上各具特点，它们在追求家具的形体美、做工美和装饰美的同时，又都遵循着家具的艺术性服务于实用性的原则。例如吃饭、写字的桌子要求平正，边沿不宜翘头或雕花，高度、大小要适合人体的坐姿及具体的使用方式；书桌、供桌等要求精美、雅致。这些在考虑桌类家具外在形态多样变化性的同时，又考虑到了适合人使用的实用性，这点就很好地体现了以人为本的设计思想。不论时代怎样变化，所有的器物创造都是要适应人的审美、满足人的需求。

（1）人体工程学对桌类家具尺度的要求

桌类家具，其长度和宽度依据使用功能的不同而不同，像餐桌、琴桌、书画桌等长宽各不一致，但在高度的要求上基本上是一致的。要求人坐在椅子上，桌面高度基本与人的胸部平齐，或读书写字或挥笔作画，双手可以自然地铺于桌面。

① 桌高

人体工程学上规定桌面的高度与椅子的座面高是成比例的，以座面高为基准，桌面高度的计算由椅座高加桌面和椅面之间的高差而确定，即为：桌高 = 座高 + 桌椅高差。桌椅高差是通过人体测量并加以确定的一个数值。桌子的高度要符合人体工程学，人在桌上读书写字或挥笔作画舒适自然，过低或过高都不舒服。

(a) 适中   (b) 过低   (c) 过高

图 3-37　桌高示意图

② 桌面尺寸

桌面的尺寸应以人坐于桌面前可以达到的水平工作范围为依据，一般应在一个以肩部为圆心、以手臂长为半径的半圆弧内。

（2）川作桌类家具人体工程学的体现

在家具尺寸中，有结构尺寸和外观尺寸。在结构尺寸中，分的较为细的就是零件尺寸了，而外观尺寸我们可以很容易测量得到，因此我们这里所要分析的均为外观尺寸。

在四川民间传统桌类家具的研究样本中，抽取八件家具进行分析，见下表所示。

表中 1 号桌通高为 855 mm，宽为 900 mm，为方桌。此桌为大方桌，在传统家具中比较常见。家具尺度相比现代家具稍有些大，但是在传统家具中，座椅高度也比现代座椅高，因此此桌与传统座椅搭配使用，在尺度方面较好地符合了人体工程学。家具整体形态素净，简单束腰、矮老、牙头装饰，木质色彩淡雅，没有累赘奢华装饰，符合民间的审美，很容易与大众产生精神上的共鸣。

2、3、4、5 号桌在尺寸上，高度均接近 855 mm，桌面宽度在 920~940 mm 之间，也均为大方桌，在尺寸上与 1 号桌相近，均较好地符合了人体工程学。这几张桌不同的主要是在色彩上，2 号和 4 号桌给人陈旧之感，3 号和 5 号桌则更多地体现了喜庆；共同点是在装饰上，装饰风格协调统一，均能让人感觉到稳重大方。

6 号桌与前面几张桌子在尺度上没有大的差别，不同的是 6 号桌从基本构件到辅助构件均是光素的，没有任何纹样装饰，更多地偏向明式家具的风格：简洁、干练。即使没有装饰，也越发让人喜爱。

7 号桌为休闲桌，尺度上没有 1~6 号桌大，不适于放置厅堂内，为休闲时所用，但比较接近现代人体尺度需求，形态轻巧、多变，装饰简洁、大方，图案寓意有趣。

8 号为一几，比桌矮，高度为 390 mm，几面为 725 mm，方形。形态上表现为腿面一体式，装饰似"辫型"，腿部表面做斩切处理，有牙头，装饰看似繁复，因中间镂空，消除了沉闷之感。

四川民间传统桌类家具尺寸图

单位：mm

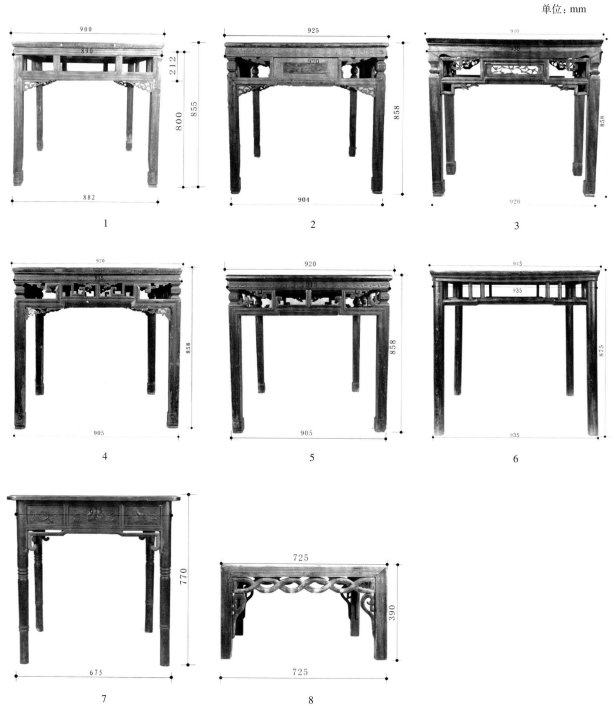

川作家具的
装饰图案

一、川作家具装饰图案的分类

1. 动物纹样

川作家具装饰图案中，动物类题材的运用非常广泛，常见的有龙、凤、麒麟、狮、鹿、鹤、喜鹊等祥禽瑞兽类动物纹，以及蝙蝠纹、蝴蝶纹等。

① 龙纹

龙是中华民族的图腾，而龙纹是中国传统家具中非常重要的装饰图案。到了清朝，非常完备的具象龙形象一般只可以由皇族使用，且一般采用深浮雕、透雕甚至圆雕的技法，以展现龙的威严和霸气。传统民间家具中常常将龙的形象简化抽象，且多运用侧身影像，一般都没有龙鳞、龙须、龙发等细节，且多为浮雕或浅浮雕；或者将龙纹与回纹结合形成"拐子龙"，与"卷草纹"结合成为"草龙纹"等。

"拐子龙"的特点在于龙足、龙尾高度图案化，转角成方形，既美观又透光，且蕴含吉祥寓意，即所谓的"拐子"。因"拐"与"贵"谐音，即"贵子"，且"拐"有"带"的意思，寓意龙给人类带来了子孙万代。

"草龙纹"的特点在于龙尾及四足均变成卷草，并可随意生发，借以取得卷转圆婉之势。

四川传统民间家具装饰图案中的"拐子龙"和"草龙纹"线条流畅，动作优美，给人的感觉是活泼轻快，并且其"龙"一般指的是螭龙，特点是：嘴大，张开状，且上颚比下颚长出很多，尾巴通常上卷盖过头顶。

图 4-1　具象龙纹

图 4-2　草龙纹

图 4-3　螭龙纹

据悉，春秋战国时期的巴蜀青铜器纹饰便以虎纹和螭龙纹为主，可见四川人对于螭龙纹的偏爱由来已久。螭龙亦称"螭吻、鸱吻"，相传是一种鱼，肚子能容纳很多水，在建筑中多用于排水口的装饰，称为"螭首散水"。同时，古人常把它设置于殿脊两端，意为避火灾。四川传统民间家具装饰图案中"螭龙"的应用，除了起到装饰和一定的加固作用外，也有避火灾的寓意。

如前所述，形象非常完备的具象龙纹样一般只可以由皇族使用，所以民间大部分采用简化抽象或变形的龙纹样。但由于四川偏居一隅，远离封建统治阶级的政治中心，受封建制度和礼制的约束较其他地区要轻，所以，川作家具装饰图案中不乏雕工精致、具象而生动的龙纹。

宫廷家具装饰图案中的龙纹，象征皇权、霸气，充满着宗教般的神秘色彩，而民间家具装饰图

图4-4 雕工精致、具象而生动的龙纹

案中的龙纹则更具人性和灵性，是自然与人和社会生活的反映。龙纹的寓意，概括起来说：一是吉祥、高贵。如民间比喻夫妻和美为"龙凤呈祥"，儿女贤能为"龙子凤女"，社会安宁，人民幸福为"龙凤献瑞"，喻教育子女为"苍龙教子"等。二是人格化魅力。人们认为龙可亲可敬又可畏，既发威又施恩，既威严又可赏可舞。如民间故事中流传的龙女嫁柳毅的故事、善龙斗败恶龙的故事、九龙戏游人间的故事，以及小说故事《西游记》《哪吒闹海》等，都是老百姓所喜闻乐见的题材。川作家具中的龙纹题材的图案多为第一种，即寓意吉祥、高贵。

② 凤纹

凤是凤凰的简称，雄的称凤，雌的称凰。这种美丽而又神奇的巨鸟，尽管事实上是不存在的虚拟的生物，却一直是中国古代先民崇拜的对象。人们认为它能带来光明，让祥瑞降临于世；它又是"百鸟之王"，美丽动人。它的出现，预兆天下太平，人民生活幸福美满。故而，几千年来，中国一直把凤凰看作是美丽和幸福的化身。传说中，凤凰每五百年就要背负着积累于人世间的所有不快和仇恨恩怨，投身于熊熊烈火中自焚，以生命和美丽的终结换取人世的祥和与幸福。在肉体经受了巨大的痛苦和轮回后，它们才能得以更美好的躯体重生。

明清时期，凤纹装饰已经成为一种特定的造型，无论在圆形、方形或各种各样的装饰形体内，纹样构成都各具其内在形式，而凤纹的共性形态，也进一步规范化。当年南京织造云锦的老艺人，在长期的实践设计中总结出一套画凤口诀："凤有三长：眼长、腿长、尾长"，并要"首如锦鸡，头如藤云，翅如仙鹤"。

川作家具装饰中的凤纹尾羽多作三束，向上舒卷，姿态多为侧平飞状，且成双成对，很少有单只出现的情况。双凤一左一右展翅飞舞，四目相对，或相对而飞，或相背而飞。凤纹在川作家具中，常与牡丹一起组成"凤衔牡丹""凤戏牡丹""凤穿牡丹"等经典图案，此外，"双凤朝阳""鸾凤和鸣""凤凰于飞""双凤比翼穿云"等图案也很常见（如下表所示）。川作家具中的凤纹图案通常装饰在家具比较醒目且块面较大的部位，如椅子靠背板、桌子牙板、橱柜面板、架子床楣板和花罩等。

③ 麒麟纹

麒麟是中国古人创造出来的虚幻动物，从其外部形状上看，麋身，牛尾，马蹄（史籍中有说为"狼蹄"），鱼鳞皮，一角，角端有肉，黄色。中国人将麒麟、龙、凤凰和龟并称"四灵"，麒麟是"四灵之首"。麒麟性仁慈，主太平，带来丰年、福禄、长寿与美好，还能为人带来子嗣。

麒麟纹在川作家具中非常多见，尤其在架子床上，几乎每张架子床上都有麒麟纹。装饰部位多位于架子床楣板或花罩正中非常醒目的位置，红底金漆，高浮雕或圆雕；也有位于架子床门围子及床撑弓之上，亦采用高浮雕或圆雕。

川作家具上的麒麟纹，其题材内容主要有四种，如下表所示。第一种为"麒麟送福图"。其形式通常是麒麟与寿山福海组合，或麒麟与蝙蝠组合。前者寓意麒麟踏过寿山福海而来，为人们带来福寿；后者因蝙蝠象征"福"，故寓意麒麟送福。第二种是麒麟和松树组成的"松树麒麟图"。因"松子"与"送子"谐音，寓意"麒麟送子"。第三种是麒麟和凤组成的"麟凤呈祥图"。麒麟为仁兽，凤为祥禽，二者组合在一起被视为天下太平的象征。此外，古人常以"麟子凤雏"比喻贵族子孙，以"麟

题材寓意	图示		特征
双凤比翼穿云		双凤相对侧平飞状	尾羽多作三束，向上舒卷；成双成对，很少有单只出现的情况
丹凤朝阳			
鸾凤和鸣			
凤穿牡丹	 	双凤相对侧平飞状	尾羽多作三束，向上舒卷；成双成对，很少有单只出现的情况
凤凰于飞		双凤相背侧平飞状	

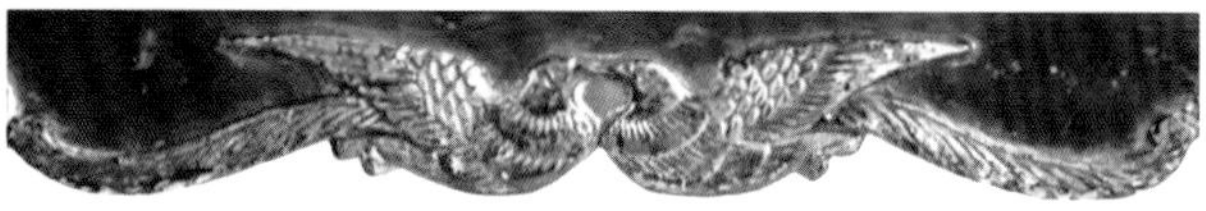

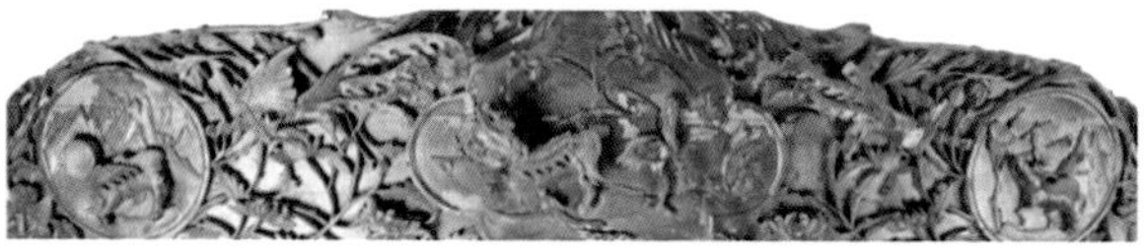

趾呈祥"作为结婚喜联的横批，祝颂生育仁厚的后代。第四种是"麒麟吐书图"。传说在孔子出生之前，麒麟来到孔子家的后院中，口吐玉书，被人们认为是祥瑞如意的征兆，和"麒麟送子"寓意相似。"麒麟吐书图"在川作家具中，除了装饰于架子床之外，还常用于书房家具，寓意圣贤诞生。

川作家具中的麒麟纹形态各异，变化万千。其姿势一般为侧身，微翘首，目视远方；尾一般呈三束，身上少见有鱼鳞纹，多为双角，也有独角麒麟；有的还长有像蝙蝠一样的双翅，非常威猛。传说成年的麒麟能飞、能入水，生有双翼但并不靠双翼而靠驾云飞翔。

④ 鹿纹

在长期的历史发展过程中，汉民族以其特有的包容性融合了其他民族的文化，鹿纹也由某个氏族部落的图腾演变成中国传统的吉祥图案。龙的形象中包含了鹿角，而麒麟在字形上以"鹿"为偏旁。龙和麒麟，是中国传说中的灵瑞仙兽的两种代表，都与鹿有着很多联系，这说明鹿在中国传统纹饰中

川作家具中的麒麟纹

题材寓意		图示	特征
麒麟送福	麒麟与寿山、福海组成，寓意麒麟踏过寿山福海，为人们送来福寿		多为侧身姿势，微翘首，目视远方；尾一般呈三束，身上少见有鱼鳞纹，多为独角，也有双角麒麟；有的还长有像蝙蝠一样的双翅，非常威猛
	麒麟与蝙蝠组成，寓意麒麟送福		
麒麟送子	麒麟和松树组成"松树麒麟图"，因"松子"与"送子"谐音，寓意麒麟送子		
麟凤呈祥	麒麟和凤组成，麒麟为仁兽，凤为祥禽，二者组合象征天下太平		
麒麟吐书	传说孔子出生前有麒麟至其家，口吐玉书。与"麒麟送子"寓意相似，还常用于书房家具寓意圣贤诞生		

有着举足轻重的地位。

鹿形体矫健，四肢修长，雄鹿生有枝角。鹿善奔跑，体态轻盈，机敏而灵动，性情温顺，因此，自古以来被视为祥和瑞兽。因"鹿"与"禄"谐音，故常用来寓意官职、爵位、俸禄等；另有"鹿寿千岁，满五百岁则其色白"之说，故鹿还常被用作长寿的象征。此外，《三秦记》云："白鹿原，周平王东迁，有白鹿游于此原，以是得名，盖泰运之象"。传说白鹿只有在政通人和之时才出现，故人们借此希望白鹿带来太平盛世。

鹿纹具有这么多吉祥美好的象征寓意，理所当然成为四川人们所喜闻乐见的一种装饰题材。再加上四川是道教的发祥地，道教视鹿与神仙为伍，所以川作家具中鹿纹图案较多。其中尤以立鹿和奔鹿为最常见，其腿带星云状回旋纹，形态万千，或仰视飞鹤，或嗅松枝，或叼梅花、灵芝，丰富多彩。

图4-5 口叼灵芝、腿带星云状回旋纹的立鹿

有关鹿的题材内容主要有"松鹿长春""鹤鹿同春"等。其中"鹤鹿同春"图，借"鹿"与"六"谐音、"鹤"与"合"谐音，来表达"六合同春"。中国古代所指的"六合"为天、地及东、南、西、北四方，故以"六合"借指全天下。将吉祥的鹿与长生不老的仙鹤组合在一起，寓意普天之下万物欣欣向荣的吉祥景象。

图4-6　松鹿长寿

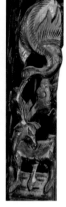

图4-7　鹤鹿同春

⑤ 鹤纹

在川作家具中，鹤也是非常常见的一种装饰题材，原因有二。第一，鹤在中国传统文化中，为"一品鸟"，仅次于凤，有德、寿、雅、逸之品质。在文人墨客眼中有高雅之气，在封建统治者中有太平之象，是吉祥、嘉瑞的象征。在清朝，一品文官朝服上的补子就为鹤纹装饰，寓意"一品当朝"，可见鹤在中国象征文化中的特殊地位。而在民间，鹤总是与"寿"和"福"相联系，称颂长寿之辞为"鹤寿""鹤龄""鹤算"。第二，因为鹤的长寿符合道教长生不老的神仙信仰，所以自道教产生后，鹤便被道教尊奉为"仙禽"，被神化为道教神仙的骑乘。而四川是道教的发祥地，自东汉顺帝时张陵在蜀郡鹤鸣山造作道书、创立"五斗米教"起，道教在四川这片土地上深深地扎下了根。在此后的千百年里，当地的人们也一直受

着道教文化的熏陶和影响。

养鹤是古人的一种雅趣，《诗义疏》说："今吴人园中及士大夫家皆养之，鸡鸣时亦鸣。"后世养鹤仍是一种时尚，从宫廷到民间，有闲者多以养鹤为乐事。苏东坡在《放鹤亭记》中写道，《易经》和《诗经》的作者把鹤比作明智的人、有才能的人和身怀高尚品德的人，跟鹤亲昵、玩耍是有利而无害的。故川作家具座椅靠背板中常有"苏东坡与放鹤亭"典故的图案。

川作家具椅子靠背板上雕刻的鹤纹，主要题材除"苏东坡与放鹤亭"的典故外，还有"一品当朝"图，即一只鹤立于海潮中的山石上，以"潮"谐音"朝"，寓意"一品当朝"，肩负重任，地位显赫。

此外，丹顶鹤是一雄一雌制，一对配偶可维持终生，因而被看作是爱情忠贞的象征。《事类赋》引《古歌词》日："飞来白鹤，从西北方。十十五五，罗列成行。妻卒被病，不能相随。五里还顾，六里徘徊……"《初学记》引三国魏人何晏诗写道："双鹤比翼游，群飞戏太清。"双鹤比翼，常被用做婚礼的祝福或寓意夫妻幸福美满。川作家具的架子床上之所以频繁出现双鹤纹，想必也是此用意。川作家具中的鹤纹多出现在架子床的花罩和楣板的中心图案两侧或者床撑弓上，高浮雕或圆雕，最常见的题材为"松龄鹤寿""松鹤延年""鹤鹿同春"等。

中国传统图案中的鹤纹，纹样表现手法多种多样，总体来说比较丰满，受传统文人画的影响十分明显。这一点，在川作家具上的鹤纹中也有所体现，尤其是羽翼。川作家具中的鹤纹特征是嘴尖而长，

图4-8　苏东坡与放鹤亭　　　　图4-9　一品当朝

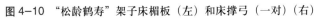
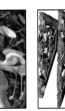

图 4-10　"松龄鹤寿"架子床楣板（左）和床撑弓（一对）（右）　　图 4-11　床撑弓上的
"松鹤延年"纹

图 4-12　四川传统民间家具中的飞鹤

羽翼丰满，姿态主要有飞鹤和立鹤两种。飞鹤双腿笔直，爪内勾；立鹤俯仰生姿，栩栩如生。

⑥ 蝙蝠纹

蝙蝠，哺乳类翼手目动物。形状似鼠，因前后肢有薄而宽的膜与身体相连，形如鼠身长出翅膀，故又名仙鼠、飞鼠。白天藏匿于暗处，晚上出来捕食蚊虫、飞蛾等，所以民间也有叫"蚊鼠"。自然生态中的蝙蝠，其外形奇特、怪异，并不美，在西方常被视作邪恶的化身。但在中国，蝙蝠却是一种瑞兽，其纹样在中国传统吉祥文化中被演绎成极具民族个性的美妙纹饰。

福在中国人的心目中是人人渴望和向往的，所以在中国传统装饰纹样中，蝙蝠纹从古至今，美意之多，运用之广泛，历经朝代变迁而久盛不衰。蝙蝠纹在川作家具装饰图案中的运用非常普遍，基本上与"福"有关的吉祥寓意图案中都能找到蝙蝠纹，可见当地人对蝙蝠的喜爱及对福祉的追求。据悉，蝙蝠作为装饰纹样的盛行，始于古代道家方士宣扬它能使人长寿。可以说，蝙蝠纹之所以在川作家具中如此常见，与四川作为道教发祥地，长期受道教影响有着密切的关系。

川作家具中的蝙蝠纹图案，其蝙蝠数量最常见的是一只，其次是两只。一只蝙蝠在装饰图案中以单个主角或配角出现，如"福在眼前""福从天降""洪福齐天""麒麟送福"等。"一"在中国的数字吉祥文化中占有重要位置。老子说：道生一，一生二，二生三，三生万物。"一"是世界的本源，被看成是万物的开端，象征开拓，给人以希望。而四川是道教的发祥地，受道教思想的影响深远，所以川作家具装饰图案中的蝙蝠纹大多以单只出现，多少也含有此意。

两只蝙蝠的图案有"双福捧寿""福寿双全"等。古人崇拜"二"可能源于他们对宇宙本源的认识，《易经·系辞》有："易有太极，是生两仪，两仪生四象，四象生八卦。"而且"二"又是"双""对""偶"的意思。中国人对"二"的崇拜，形成了中国人特有的对称的审美情趣。

川作家具中的蝙蝠纹通常采用镂雕、铲地浮雕、浮雕等雕刻手法，造型相当丰富，根据装饰部位的不同而呈现各种形态，如下表所示。如在椅子的搭脑或靠背板正中，桌子的腿部，以及床楣正中、床立柱上多为倒挂蝙蝠，翼向两侧展开，左右对称，或环抱玉璧，或口吐"福气"，或口咬铜钱、盘肠、团寿等，也有倒挂蝙蝠纹卡子花；在椅子的牙板、靠背板两侧，以及桌案牙板部位的蝙蝠多为平飞或俯冲的动态模样，翘首，身微侧，或单只伴随祥云、花卉成图，寓意"福至""福从天降""洪福齐天"，或成对与铜钱、寿桃、团寿等组图，寓意"福在眼前""福寿双全"。这些蝙蝠纹的主要特征是：嘴尖而长，双眼圆睁鼓出，脸部有点兽化，且头顶有星云状回旋纹，背部有阴刻脊线，颇具特色；尾部多成如意云纹状，双翅以波浪纹、折线加以装饰。整体造型以流动的回转曲线作为纹样的基本构成要素，运用丰富的想象和大胆的变形、夸张、概括的艺术表现手法，把原本不美的形象变得翅卷祥云、潇洒飘逸。由此可见，四川民间艺人对艺术的表现不拘于写实，而注重写意，造型大胆，富有创意。

蝙蝠数量		图示	寓意	特征
单只蝙蝠	俯冲状		福从天降 洪福齐天	表情和善祥瑞的蝙蝠纹通常嘴尖而长，双眼圆睁鼓出，脸部有点兽化，头顶有星云状回旋纹，背部有阴刻脊线，尾部多成如意云纹状，双翅以波浪纹、折线加以装饰
		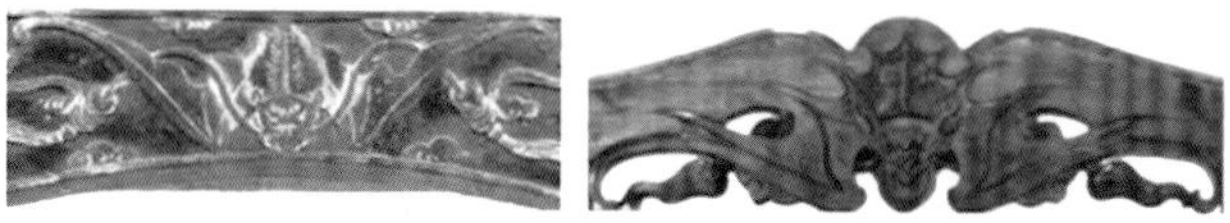	福在眼前	
	平飞状	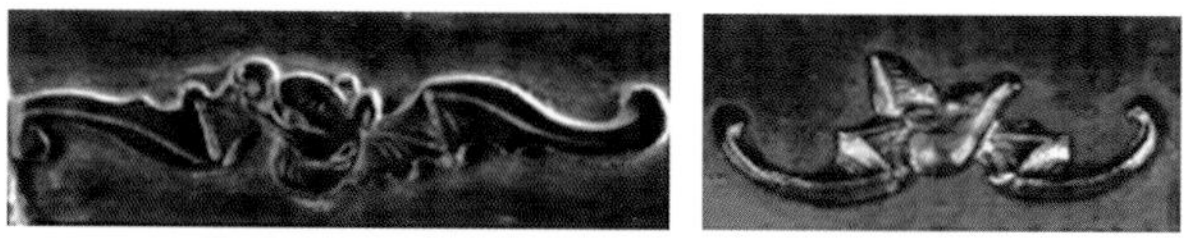	福至	
		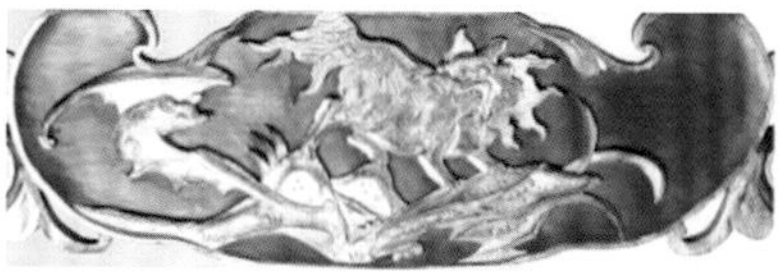	麒麟送福	
	倒挂状	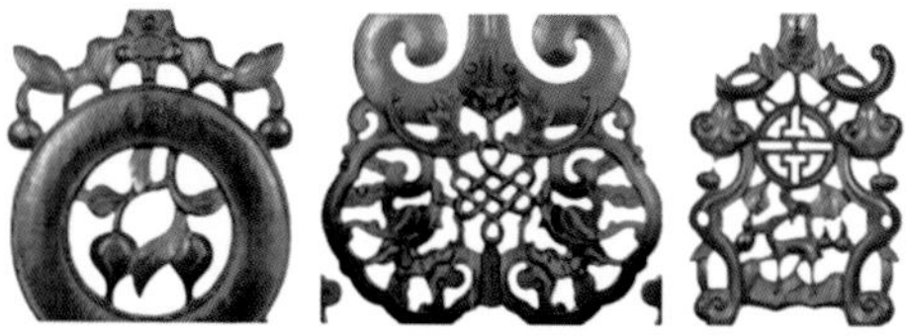	福寿双全 福寿万代 福寿如意	
成对蝙蝠	侧飞状		双福 双福捧寿	

川作家具装饰中的蝙蝠纹的表情神态有两种，上文所述为表情和善祥瑞的纳福蝙蝠纹，此外，还有一种表情威猛的驱邪蝙蝠纹。其特征是嘴大而宽，鼻孔外翻，怒目圆睁。一般只用在家具不显眼的部位或角落，如脚凳牙板。可能是由于这些地方相对较"偏""暗"，在封建观念里认为更容易藏匿歪邪之气，所以需要表情威猛的蝙蝠纹以起驱邪、避邪之用。

图 4-13　拔步床地平望板处的蝙蝠纹

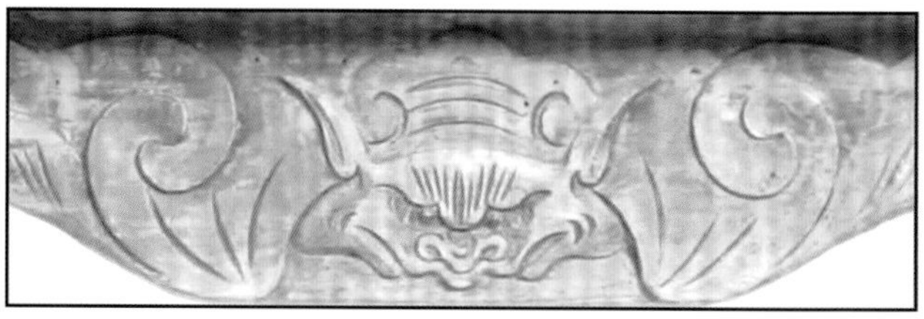

图 4-14　脚凳牙板处的蝙蝠纹

⑦ 蝴蝶纹

蝴蝶是中国民间喜爱的装饰形象，也是美好、吉祥的象征。由于蝴蝶的"蝴"和"福"谐音，使得蝴蝶这一美丽精灵的身上带上了人们祈求福气的美好愿望；又因为"蝶"与"耋"谐音，故寓意高龄长寿。此外，蝴蝶忠于情侣，一生只有一个伴侣，是昆虫界忠贞的代表之一，所以，蝴蝶被人们视为爱情、幸福和吉祥美好的象征。中国传统纹样常把双飞的蝴蝶作为自由恋爱的象征，表达了人们对自由爱情的向往与追求。在纹样设计上，蝴蝶多与花相配合，即"花蝶纹"，也称"蝶恋花"，寓意甜蜜的爱情和美满的婚姻。蝴蝶的美好形象深得人们的喜爱，古往今来无数文人墨客留下了描绘蝴蝶的佳句。如晚年隐居四川的大诗人杜甫的诗句"穿花蛱蝶深深见，点水蜻蜓款款飞"。

蝴蝶纹是四川当地非常常见的一种纹样，广泛地应用于各种装饰中，在川作家具中也大量出现蝴蝶纹。

图4-15 四川传统民居瓦当上的蝴蝶纹

川作家具中的蝴蝶纹，大部分是双翅展开，左右对称，头部有一对棒状或锤状触角。图案整体布局匀称，虚实得当，并且主要以"蝶恋花"和"瓜蝶纹"两种形式出现，如下表所示。

"蝶恋花"纹样主要装饰于桌案抽屉面板、椅子靠背板，以及亮脚部位。其中，亮脚部位通常镂出造型各异的"蝶恋花"纹样，打破了整板和大面积板面的沉闷，显示出玲珑活泼的趣味。蝶恋花纹样中的花，种类不一，而且蝴蝶的形态也各式各样，有的绕花侧飞，有的栖于花头。

"瓜蝶纹"主要装饰于架子床楣板，花罩、椅子靠背板，桌案束腰及牙板等部位。瓜蝶纹，即蝴蝶与瓜瓞枝蔓相结合而成。因"蝶"与"瓞"谐音，"瓞"的意思是小瓜，有小瓜就代表了有子有孙，所以瓜蝶纹即"瓜瓞绵绵"，寓意子孙万代连绵不绝。《诗经·大雅》有"緜緜瓜瓞"句，喻周代之发祥昌盛，后人遂以瓜与蝴蝶组成纹样，作为子孙繁衍不绝的象征。瓜蝶纹中的蝴蝶纹大多比较具象，其与瓜瓞枝蔓的组合根据装饰部位的不同而呈现不同的形态，如在桌案束腰部位的瓜蝶纹，其蝴蝶位于中央，两侧的瓜与叶顺着束腰的走势，沿着枝蔓交错着向左右蔓延，成绵延不绝的带状式。

川作家具中的蝴蝶纹

题材图案		图示	装饰部位	特征
蝶恋花	寓意美好吉祥以及甜蜜的爱情和美满的婚姻		亮脚部位	造型较抽象，左右对称，双翅展开，一对触角向内或向外卷曲。打破了整板和大面积板面的沉闷，显示出玲珑活泼的趣味
			椅子靠背板、桌案抽屉面板	花的种类不一，而且蝴蝶的形态也各式各样，有的绕花侧飞，有的栖于花头
瓜蝶纹	即"瓜瓞绵绵"，寓意子孙万代连绵不绝		椅子靠背板、桌案束腰和牙板	蝴蝶纹比较具象，其与瓜瓞枝蔓的组合根据装饰部位的不同而呈现不同的形态
			床楣或花罩	

喜鹊，鹊类。尾长嘴尖，头背黑褐色，背有青紫色光泽，善鸣，叫声婉转。在中国民间将喜鹊作为吉祥的象征，"牛郎织女鹊桥相会"的传说及"画鹊兆喜"的风俗在民间都颇为流行。喜鹊在四川各地均很常见，广布于各市、县、乡镇的山林、田地、城镇，是四川人非常熟悉的一种留鸟。

川作家具中的喜鹊纹，喙尖，有的还带弯钩；尾羽较长，多作两束，一长一短。并且因为传统家具的形制大体都是对称式，所以一般在家具中的成对构件上分别各装饰一只喜鹊，而在非成对构件上则装饰一对喜鹊。总之，一件家具上的喜鹊都是成偶数数量。

川作家具中的喜鹊纹图案的种类非常丰富，如表中所示，一对喜鹊寓"双喜临门"，两只喜鹊面对

川作家具中的喜鹊纹

题材寓意		图示	特征
一对喜鹊	寓意"双喜临门"或"喜相逢"。"喜相逢"从其字面意思可以理解为"开心地相见"，指久别思念的人重逢，心中充满喜悦	 	四川传统民间家具装饰图案中的喜鹊纹，喙尖，有的还带弯钩；尾羽较长，多作两束，一长一短。通常成对或成偶数出现
喜鹊与梅花	即"喜鹊登梅""喜上眉梢"，寓意喜事到来；或"喜报春光"，因人们常以梅花寓意春光，喜鹊在梅枝上叫预示春光来临	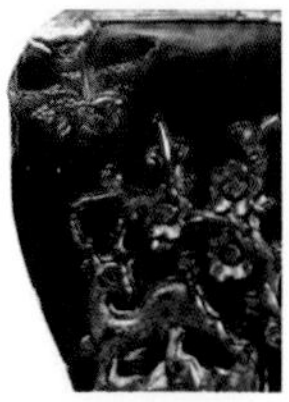 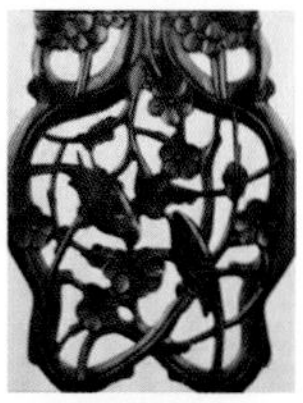	
喜鹊与玉兰	玉兰先花后叶，一干一花，又称木笔花。因"笔"与"必"谐音，故木笔花与喜鹊的组合寓意必定能得到喜事，即"必得喜事"	 	
喜鹊与石榴	其石榴形象多露出饱绽的石榴籽，与喜鹊组合，寓意"喜笑颜开"；同时，因石榴多籽，古有"榴开百子"之说，故也寓意多子多孙、家庭兴旺	  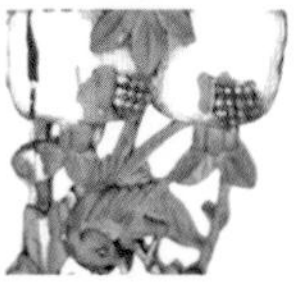	
喜鹊与梧桐	梧桐的"桐"与"同"谐音，与喜鹊组合寓意"同喜"		
喜鹊与獾	寓意"欢天喜地"	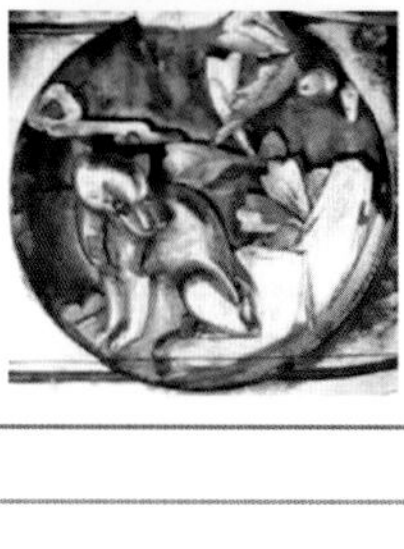	

中国川作家具

184

面叫"喜相逢"，喜鹊与梧桐一起寓"同喜"，喜鹊与古钱一起叫"喜在眼前"，喜鹊与鹿一起称"喜乐图"，一只獾和一只喜鹊在树上树下对望叫"欢天喜地"。而流传最广、运用最多的是鹊登梅枝报喜图，又叫"喜上眉梢"，因"梅梢"音同"眉梢"；或"喜报春光"，因人们常以梅花寓意春光，喜鹊在梅枝上鸣叫则预示春光来临，向人间报喜。在川作家具中也常见有喜鹊与石榴一起组成的喜鹊栖于石榴枝上或啄食石榴籽的图案。其石榴形象多露出饱绽的石榴籽，与喜鹊组合，寓意"喜笑颜开"；同时，因石榴多籽，古有"榴开百子"之说，故也寓意多子多孙、家庭兴旺。

此外，川作家具中还常见喜鹊与玉兰花组成的图案，这种图案在其他地方非常少见。玉兰花为我国特有的名贵园林观赏花木之一，在四川当地非常常见，其开花时洁白如玉，幽香似兰，故

名。玉兰花先开花后长叶，且一干一花，又称木笔花。因木笔之"笔"与"必"谐音，借木笔花与喜鹊的组合寓意必定能得到喜事，即"必得喜事"。

2. 植物纹样

（1）桃、石榴、佛手

桃子为蔷薇科落叶果实，在我国已有两千多年的栽培史。神话传说中王母娘娘的蟠桃三千年开花、三千年结果，故桃寓意长寿，又称为寿桃。四川的气候条件比较适宜桃的栽培，是全国产桃大省之一。桃子既美味又寓意吉祥，是当地人们喜闻乐见的一种装饰题材。川作家具装饰图案中的桃子，常见于椅子的靠背、卡子花部位，以及床挂落上，多采用高浮雕或圆雕、透雕形式。除与佛手、石榴组合外，还通常与蝙蝠一起，寓意"福寿双全"。

图4-16　四川传统民间家具中的桃子纹

石榴多籽，"籽"与"子"同音，寓意多子。《北史》记载：齐安德王延宗纳妃，妃母以两个石榴相赠，祝愿子孙众多。此后，石榴常被人们用来祝福多子，石榴花也表示吉祥。川作家具装饰图案中，石榴一般成对出现，或与桃、佛手组合，寓意多寿多子、多福多子；或与喜鹊组合，寓意喜笑颜开、多子多孙；或与菊花组合，"菊"与"居"谐音，石榴象征多子，故寓意"安居多子"。

佛手是一种形状奇特的柑橘果实，果端分裂，分散如手指，拳曲如手掌，故称佛手。佛手能散发出一种特殊的香味，持久不散，常被人置于房间中。佛手不仅寓意"福"（"佛"与"福"谐音），也是佛的象征之一，能给人间带来无限幸福，使人们吉

图4-17　石榴纹

祥如意。四川是佛教传播的重要地区，长期以来深受佛教的影响，所以在四川出现了大量运用佛手做装饰图案的传统民间家具。川作家具中的佛手纹大多数是成对出现的，只有作为家具角牙或卡子花时，才单个成图。其佛手纹通常成并蒂状，多伴有叶子；

佛手果端至少分成五瓣，像五根手指，向内收拢，且首末两根"手指"最长。

中国传统吉祥纹样中，通常是佛手、桃子、石榴同时出现，组成"三多"图案。而在川作家具装饰图案中，比较常见的是两两组合形式：有的将两者组合于一盘，有的使两者并蒂，有的以两种果物作缠枝相连，造型丰富多样，颇具想象力。其装饰部位多见于椅子的靠背、梳妆台的镜子两侧，以及床挂落、床楣上。

图 4-18　成双并蒂佛手纹

图 4-19　川作家具中"三多"纹的两两组合形式

（2）松、竹、梅

"岁寒三友"，指松、竹、梅三种植物。这三种植物在寒冬时节仍可保持顽强的生命力，是中国传统文化中高尚人格的象征，也借以比喻忠贞的友谊。松竹梅合成的"岁寒三友"图是中国传统吉祥纹样中常用的题材。

松树，常绿树，称"百木之长"，长青不朽，据说寿过千年的松树，所流松脂会变为茯苓，服者可得长生。在川作家具中的松树图案，多侧重于叶子的刻画，松叶呈针形，短而直，一般8针或9针一

束，似蒲扇状，均衡地错落分布。中国从古至今，对数字都非常注重，松叶通常取8针或9针一束，原因是这两个数字在中国传统文化中代表的含义非常丰富且吉利。通常与鹤或鹿组合在一起，寓意松鹤延年、松龄鹤寿、松鹿长春。这种图案大部分装饰于椅子靠背板和架子床楣板及床撑弓。

竹子在中国是最为普遍，同时也是和百姓生活最密切相关的一种植物，历来是文人墨客们所歌颂的对象。竹子的空心，被中国文人引申为"虚心"；竹子的竹节，被中国文人引申为"气节"；竹子的耐

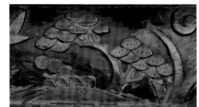

图 4-20　川作家具中的松树纹

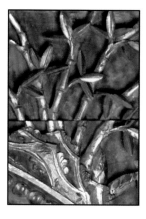

图 4-21　川作家具中的竹纹

寒长青，被中国文人视为"不屈"；竹子的高挺，被中国文人视为"昂然"；竹子的清秀俊逸，被古人引申为"君子"。四川盆地适宜竹林生长，是全国闻名的竹乡，竹子分布甚广，种类极其繁多，中国最大的竹林"蜀南竹海"和大熊猫栖息地就在四川。四川当地人多用竹编制农具和生活用具，或用竹子做家具。在川作家具中，可以发现大量的竹子图案，通常采用高浮雕和透雕，少见线刻，多装饰在床围子或床楣上，与梅、兰、菊共同组成"四君子"图。

梅花，寒冬先叶开放，花瓣五片。梅花是岁寒三友之一、花中四君子之首。自古以来，人们都赞美它的傲雪精神，它的不与百花争春的高洁之美。全国上至显达，下至布衣，几千年来对梅花深爱有加。文学艺术史上，梅诗、梅画数量之多，足以令任何一种花卉都望尘莫及。古人说，梅具四德，初生蕊为元，开花为亨，结子为利，成熟为贞。又有另一种说法：梅花五瓣，是五福的象征，一是快乐，二是幸福，三是长寿，四是顺利，五是和平。梅花因其花瓣形状对称，花形规整，应用较广泛。

梅花原产中国西南部，四川是历史上有名的梅花胜地之一。四川的成都自古以梅花著称，宋代诗人陆游《咏梅花》诗："当年走马锦城西，曾为梅花醉如泥。二十里中香不断，青羊宫到浣花溪"。在川作家具中梅花的形象很常见，常与兰、竹、菊组成"四君子图"，与牡丹、荷花、菊花组成"四季图"，与松、竹组成"岁寒三友图"。此外，梅花还常与喜鹊、鹤、水仙等组合：开花"早于桃李晚于梅"的水仙，以其凌波仙骨与梅花气味相投，常有"一树梅花伴水仙"的优美意境；"羽毛似雪无瑕点"的白鹤因林逋"梅妻鹤子"的佳话而与梅结下了不解之缘，同时梅花的孤清高洁与鹤所象征的隐士高人遗世独立的品格相吻合；喜鹊叫声婉转，中国民间将喜鹊作为吉祥的象征，喜鹊登梅则寓意吉祥、喜庆、好运的到来。

川作家具装饰图案中的梅，主干粗壮，细枝瘦劲，枝干交横，错落有致，且梅花通常刻画的是其

图 4-22　川作家具中的梅花纹

正面，五片花瓣均匀展开。其形态可分为直枝、垂枝和龙游三类，顾名思义，枝条自然直上的为直枝梅，自然下垂的为垂枝梅，自然扭曲的为龙游梅。

（3）牡丹纹

牡丹是我国特有的木本名贵花卉，花大色艳、雍容华贵、富丽端庄、芳香浓郁，而且品种繁多，素有"国色天香""花中之王"的美称，长期以来被人们当作富贵吉祥、繁荣兴旺的象征，作为装饰题材被广泛应用。

四川有丰富的牡丹资源，多分布在成都、彭州（古称天彭）、峨眉山等地，尤以彭州为盛。据《蜀总记》载：前蜀宫廷种植牡丹，后蜀至孟昶也引种了许多牡丹"于宣华苑广加栽植，名之曰牡丹苑"。

川作家具中的牡丹纹样丰富多彩，主要有缠枝和折枝两种形式。牡丹纹样通常在川作家具的卧房家具——尤其是架子床中最常见（图4-23）。架子床花罩上多透雕或高浮雕缠枝牡丹，其花硕枝繁、俯仰有致，图案内容主要为"凤戏牡丹""正午牡丹""富贵平安""富贵耄耋"等。架子床的床楣上则多雕刻折枝牡丹，并与荷花图、菊花图和梅花图一起组成"四季图"（图4-24）。此外，椅子的靠背部位也常雕刻有牡丹纹样，多为折枝牡丹，图案精致，装饰效果好。

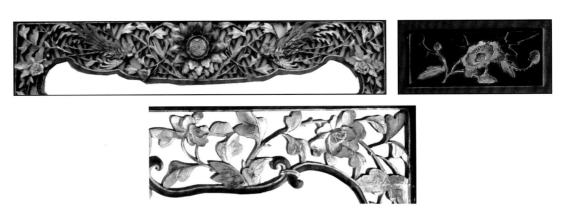

图4-23　川作家具架子床上的牡丹纹形态

图4-24　床楣板上的"四季"图

（4）菊花纹

菊花是中国十大名花之一，在中国已有三千多年的栽培历史。四川各地也广泛种植菊花，四川中江的川菊就是全国有名的药菊之一。菊花可观可食，不仅能入药，还可泡茶。四川自古以来就是我国的产茶胜地之一，川人也一直延续了喜好饮茶的习惯。有谚语说四川"头上晴天少，眼前茶馆多"，可见四川茶馆之多。而菊花茶具有散风热、平肝明目之功效，是四川茶馆中非常常见的一种茶，深受川人的喜爱。菊花一般在农历九月盛开，因"九"与"久"同音，人们常用以象征长寿和长久。菊花不以妖艳姿色取媚，却以素雅坚贞取胜，盛开在百花凋零之后，因而中国人赋予它高尚坚强的情操，成为质洁、凌霜、不俗的知识分子高尚品格的象征。

川西卧房家具中的菊花纹样分为缠枝菊花（图4-25）和折枝菊花两种，大多数为折枝菊，装饰于椅子靠背板、桌案望板，及床楣、床围子等处。除单独作为装饰外，还经常与其他题材组合，如"四爱图"之一"陶渊明爱菊"，及与梅、兰、竹一起组成"四君子图"，与牡丹、荷花、梅花一起组成"四季图"等。

　　川作家具中的菊花纹图案，一般构图完整，注重写实；有枝有叶，花朵有的盛开，有的含苞待放；菊花品种和样式也非常丰富，最常见的是平瓣菊和匙瓣菊。此外，菊花纹在川作家具中还常用作桌案束腰或牙板的装饰，通常为单个菊花瓣作二方连续展开，起到简单而不单调的装饰效果。

图4-25　架子床花罩上的缠枝菊花纹

图4-26　"四君子"纹样

图4-27　川作家具中的平瓣菊花纹

图4-28　川作家具中的匙瓣菊花纹

（5）莲花纹

　　莲花，古名芙渠或芙蓉，文称荷花，是四川传统民间家具装饰图案中广泛运用的花卉题材。

　　自南北朝时佛教传入我国，莲花便作为佛教标志，并成为我国传统装饰图案中的流行纹饰。四川是佛教传播的重要地区，被视为佛门圣花的莲花尤其为当地人们所喜爱，并广泛运用于传统家具装饰图案中，尤其是用于香案、供桌等家具，以表达对佛教的信仰、对佛门"净土"的向往。如图4-29所示条案腿部的莲花纹底座，两层莲瓣，一层朝上，一层朝下，形似观音像的莲花宝座，带有佛教意味。

　　宋代以后，莲花纹图案装饰依然盛行，但宗教

图4-29　条案腿部的莲花纹底座

意味已经淡薄，加之莲花形象优美、纯洁，且具有出淤泥而不染的品格，所以，莲花纹图案被广泛地运用于各种装饰，其在家具上的运用也不再仅局限于与佛教仪式有关的家具上。所以，在今天我们所看到的川作家具中，莲花纹图案在各类家具中均有

出现,而且出现频率颇高。

莲花的"莲"与"连""廉"谐音,所以,莲花可以寓意"连年""廉洁",象征着持续、久远、纯洁、清白。一茎莲花寓一品,即"一品清廉",寓意虽官居极品,却清明廉正。在川作家具装饰图案中,"一品清廉"纹多见于座椅靠背板。除"一品清廉"外,川作家具中的莲花纹图案还有"连年有余""一路连科",及与牡丹、菊花和梅花组成"四季图"等。

川作家具上的莲花纹有折枝莲、缠枝莲和二方连续的莲花纹。折枝莲、缠枝莲构图完整,有荷叶、荷花,甚至还有莲蓬、莲藕,往往出现在架子床的飘檐、楣板或是床围的绦环板上;二方连续的莲花

图4-30 "一路连科"纹样

纹往往只有荷花的花瓣,形象简单,多用于边缘的装饰。

图4-31 折枝莲

图4-32 二方连续莲花纹

(6) 西番莲纹

西番莲纹在西方纹样中的特殊地位,就好像是中国的牡丹纹。西番莲纹在我国被广泛应用,这不仅是因为西番莲纹图案造型优美,更重要的是这种纹样的适应性比牡丹花纹样更强。

西番莲纹传入中国后很快与中国的吉祥题材,如蝙蝠、云龙等相融合,和谐地融化到传统的中国

纹饰之中。四川川作家具中,西番莲纹多见于一些年代较晚的家具上,如明显带有民国风格的家具,且一般在梳妆台、橱柜类家具中较常见。川作家具注重纹饰,在家具的各个构件上雕刻各种适应纹样,除了各类家具面板及橱柜顶部之外,椅子的搭脑、靠背、牙板,以及架子床楣板、花罩等部位,都能见到精细雕刻的西番莲纹。

图4-33 西番莲纹

(7) 芙蓉花纹

芙蓉花,即木芙蓉,原产我国,四川为主要产地之一。其树高丈余,树姿婆娑,丰满华贵,富丽堂皇。芙蓉花除具有观赏价值外,还有较高的药用价值。木芙蓉叶粉清热解毒,散瘀止血,消肿排脓。木芙蓉花亦可烧汤食,软滑爽口,独具风味。古人还用木芙蓉鲜花捣汁为浆,染丝作帐,这就是有名的"芙蓉帐"。芙蓉花开于仲秋,迄于初冬,其不畏寒霜,"堪与菊花称晚节,爱她含雨拒清霜",故又

称"拒霜花"。宋代大文豪苏东坡也有诗赞曰:"千林扫作一番黄,只有芙蓉独自芳"。可见,人们对芙蓉评价很高。

相传五代蜀后主孟昶下令城墙之上遍植芙蓉花,"每至深秋,四十里上下,如锦似绣",成都也因此而得"锦城"和"蓉城"之雅号。芙蓉花从此成为四川人的挚爱之物,如今是成都"市花"。

川作家具中的芙蓉纹样,最常见的是"金鸡闹芙蓉"。如"金鸡闹芙蓉六柱床"上所雕刻的芙蓉

花，枝繁叶茂、花朵娇艳，吸引了金鸡前来翩翩起舞，并引来百鸟飞翔的场景。金鸡是报晓雄鸡的美称，是太阳的代表。"金鸡闹芙蓉"体现了四川人对于生活的热爱和乐观豁达的心境。

图4-34 金鸡闹芙蓉

（8）葫芦纹

葫芦是中华文化中有丰富内涵的果实，它是一种人文瓜果，而不仅仅是一种自然瓜果。它不但在古代人民的物质生活中占有重要地位，而且与文学、艺术、宗教、民俗、神话传说乃至政治等关系也十分密切，围绕葫芦形成的种种意识形态，无疑是构成中国传统文化的一个重要组成部分。

葫芦为藤本植物，藤蔓绵延，结果累累，籽粒繁多，且葫芦枝"蔓"与"万"谐音，所以中国民间自古就以葫芦为后代绵延、子孙众多的象征吉祥物。有时人们将葫芦挂在门上，用以驱邪。因"葫芦"与"福禄"谐音，故葫芦又有"福禄"之意。此外，葫芦是由圆构成的，象征着和谐美满。古代夫妻结婚入洞房饮"合卺"酒，卺即葫芦，寓意着夫妻互敬互爱。现在民间传承的故事中，葫芦成为一种"灵物"，例如广泛流传的拥有了宝葫芦就能想要什么就有什么，表现了人们对美好生活的向往。

这样集众多吉祥寓意于一身的葫芦纹，正契合了民间百姓对于福禄多子、幸福长寿的企盼。再加上后来道教的兴起，将葫芦纳入其宗教体系，成了道士的随身宝物，号称"道家八宝"之一，葫芦纹从此具有了道教的意味。因此，在与道教有着深厚渊源的四川，葫芦纹相当盛行，从川作家具上葫芦

纹的大量运用可以看出。

川作家具装饰中的葫芦纹多以透雕的形式装饰于座椅靠背板，并且很少单独使用，多与其他纹样组合，形成吉祥、辟邪、子孙繁荣等寓意的吉祥图案，如万代长生、盘长葫芦、寿字葫芦等。这些吉祥图案构图饱满，且绝大多数为对称与均衡形式。如图4-35所示，葫芦与蝙蝠纹、鹿纹、团寿纹、如意纹及灵芝纹结合，组成一幅寓意丰富的吉祥图案。其中倒挂蝙蝠口衔团寿居中，团寿正下方立一叼着灵芝的鹿，两侧各有一柄如意，左右非绝对对称，葫芦纹则穿插其中，使整幅图案疏密有致、比例均衡，简洁中不失韵味。

图4-35 川作家具中的葫芦纹

（9）葡萄纹

葡萄是由西域传入内地的，亦历史悠久，唐诗中便有"葡萄美酒夜光杯"之句。但长期以来，葡萄并未进入中国传统的吉祥物题材中，虽然在"天地长春"中偶有体现，仅仅是一带而过。清朝以后，西方文化进入中国，西方人常用的葡萄纹被国人视为时兴纹样。加上葡萄枝叶蔓延，果实累累，也特别贴近人们祈盼子孙绵长、家庭兴旺的愿望，所以葡萄纹很快成为人们喜闻乐见的装饰题材。在取"子孙绵长"寓意方面，葡萄纹也逐渐替代了中国人使用了千百年的传统纹样——葫芦纹，这的确是清朝以后及民国家具"西风东渐"的一个体现。所以，葡萄纹在川作家具中大量出现在一些年代较晚的家具上（如民国家具），且一般在架子床、梳妆台、橱柜、靠背椅等家具中较常见。

图4-36　四川民国时期架子床上的葡萄纹

图4-37　四川民国时期座椅靠背板上的葡萄纹

随着佛教的兴起，葡萄纹也被纳入到佛教装饰纹样中，初唐前期敦煌石窟中的藻井图案，其主要的两种纹样中，有一种就是石榴葡萄纹。在佛教艺术中，菩萨手持葡萄表示五谷不损，所以葡萄纹带有五谷丰登的寓意。在从农耕文化中一路走来的四川，葡萄纹在当地传统民间家具上的大量使用，正体现了四川人民朴素的生活愿望，并且再一次印证了佛教盛行对当地文化所产生的影响。

（10）南瓜纹

南瓜因多籽，加之藤蔓连绵不绝，寓意多子多孙、福运绵长、荣华富贵。此外，南瓜有"寿比南山"之意。在绵长的藤上结着累累的瓜，寓意"瓜瓞绵绵"，象征子孙万代，世代绵长。在川西卧房家具中，藤蔓不绝的南瓜纹多装饰在架子床的花架上，同时，拔步床门围的柱头也常雕成南瓜形状。

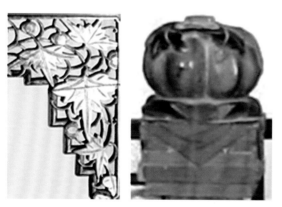

图4-38　南瓜纹

（11）花瓣纹

花瓣纹不是指具体哪一类植物的花瓣，而是指川西地区一类特别的纹样构成手法，即在圆盘外沿装饰花瓣形的纹样。这类花瓣大致分为两种，一种的造型像是菊花瓣或是太阳花瓣，另一种的造型则是莲花瓣。这类圆盘造型看上去像一朵太阳花，周围是花瓣，花盘中则可以雕刻任意纹样，如太阳纹、寿字纹或其他动植物的纹样。

图4-39　装饰了一圈花瓣纹的圆盘

3. 器物纹样

（1）花瓶纹

花瓶在川作家具装饰图案中非常常见，花瓶形状丰富多样，花瓶颈部一般有一圈花瓣纹，有些花瓶底部还有台座。

在中国传统纹样中，花瓶通常插月季花，寓意"四季平安"，但是在川作家具中，花瓶上插的基本上都是牡丹花，此是一大特色。月季和牡丹花的花形非常相似，不细看很容易混淆，辨别二者的有效办法是看它们的叶子。因为月季花和牡丹的叶形不一样。

因牡丹花象征富贵，故花瓶与牡丹花的组合寓意"平安富贵"。川作传统家具中，花瓶还通常与戟组合，因"戟"与"级"谐音，寓意"平升三级"，加官晋爵，多见于椅子靠背板。

图 4-40　月季花（左）与牡丹花（右）叶形的比较

图 4-41　"平安富贵"纹样

（2）香炉纹

香炉，是中国古代的一种焚香器具，其用途亦有多种，或熏香，或陈设，或敬神供佛。文献记载，人类社会早在数千年前就开始使用各种香料以增香除臭、驱虫辟秽、防治疾病、驱寒取暖，而且无论是帝王将相、文人雅士，还是僧道巫医、平民百姓，对于香料和香炉无不喜爱。古人读书弹琴，喜欢先焚一炉香，香烟缭绕，可以净杂念而使精神集中，因此香炉成为文房器具中不可缺少的重要器物。烟云是书房的清韵，古书名画、四时花草、茶酒谈笑，都会散出烟云。所以，古代文人雅士把焚香与烹茶、插花、挂画并列为"四艺"。

川作家具中的香炉，造型别具特色。通常为三足两耳，香炉腹部两端分别雕刻团寿纹或菱形纹，腹部正中雕刻兽面纹或大象面纹。香炉图案在川作家具中，主要装饰于架子床的楣板或门围子，常与花瓶、贡果等博古器物组合，寓意吉祥。

图 4-42　川作家具中的香炉纹

（3）暗八仙纹

中国的八仙形象溯源久远，至融入道教已到唐

宋时期，而"暗八仙"并不是随同八仙一起出现的。随着八仙故事的发展和流传，到了明末清初，八仙手持的器物逐渐从八仙身上分离出来，独立形成了"暗八仙"体系。

"暗八仙"为道教图案，有着具体的宗教功能——祈福消灾。道教符印中有"狮钮八棱八卦暗八仙印"，印身的八个侧面浮雕了八件法宝，即"暗八仙"图案。"暗八仙"所指的八种法器是鱼鼓、宝剑、花篮、笊篱、葫芦、扇子、阴阳板和横笛，可称为"道家八宝"——区别于佛家的"佛家八宝"。在民间，传说八仙代表着男女老少、富贵贫贱这八个方面，与民众生活非常接近，而且具有长寿吉祥的传统寓意，所以"暗八仙"作为民俗纹饰也很受人们的喜爱，应用非常广泛。

中国民间美术图案追求圆满、美满、美观、和谐的内在本质，在构图与设计方面尤其强调整体的美感。这一点在川作家具上的"暗八仙"图案中也有所体现。川作家具上的"暗八仙"图案的设计融合了多种元素，较为典型的是飘带。法器均以飘带做衬，婉转流畅，灵动立现，使得本来单调的器物

图 4-43　川作家具中的"暗八仙"之宝剑、葫芦

在视觉上丰富饱满起来。

（4）古钱纹

古钱在民间非常常见，它不仅仅是古时流通的货币，而且可以作为装饰或配件运用于各种器物之上。例如在四川非常流行的一种曲艺——金钱板，有点类似快板，就是在9寸长的楠竹片上端嵌古钱制成。古钱象征富贵，常刻有"长命富贵"字样。古钱还被用作护身符，上面或铸有"天下太平""龟鹤齐龄""吉祥如意"等字样，或铸一些灵物图形，用红线串起来，佩戴胸前，用以驱魔。

图4-44　川作家具中的古钱纹

古钱又分为圆形圆孔和圆形方孔两种，川作家具中的古钱纹比较常见的是圆形方孔。据说圆形方孔的形制源于古人"天圆地方"的观念，也有人认为"方圆"是"规矩"的象征，即"不以规矩，不能成方圆"。还有的人将此形制和中国中庸之道的为人处世哲学相联系，认为"外圆内方"象征着外柔内刚"绵里针"的处事方法。

川作家具装饰图案中的古钱纹样以圆形方孔居多，有些方孔稍作变形——方孔四边均向内作一定弧度的弯曲。通常与蝙蝠纹组合在一起，寓意"福在眼前"，或单独作卡子花用。

（5）博古纹

博古是所有吉祥器物的统称。北宋大观中，徽宗命王黼等编绘宣和殿所藏古器，成《宣和博古图》三十卷，后人便将图绘瓷、铜、玉、古、石等各种古器物的画，叫作"博古"，也有添加花卉、果品作为点缀的，寓意清雅高洁。

川作家具中，博古图案比较常见，所包含器物种类丰富，如"琴棋书画""八音""八宝"、香炉、花瓶、果盘、官帽、朝珠等，通常装饰于床围子上，四幅为一组。

图4-45　博古纹

图4-46　床围子上的博古纹，四幅为一组

（6）其他

在川作家具中还有些比较特殊的装饰图案，如由笔、锭和如意组成的装饰图案，因"笔"与"必"谐音，"锭"与"定"谐音，故寓意"必定如意"。

古人参加科举考试之前，亲友们常有赠送笔、锭胜糕（形似锭的糕饼）、米粽等地方习惯，寓意"必定高中"。笔有灵气，被视为吉祥之物。相传，南朝梁少瑜，小时候梦见有人赠笔给他，此后他的

图4-47　"必定如意"纹样

文章大有进步。唐朝大诗人李白也曾梦见自己所用之笔笔头生花，从此才情横溢，文思丰满。南朝梁时文学家江淹，梦见一人授予他五色笔，自此江淹

诗文并茂，是当时最有才华的文学家。

川作家具中的"必定如意"图案通常装饰在架子床楣板或书案上。

4. 人物纹样

如果说装饰图案以动植物纹样为主是源于自然崇拜，那么人物纹样的出现，则意味着人把自己作为审美对象以及对自己的认可。在我国的传统文化中，人物纹样以各种形式出现在各种载体上，反映出我们民族趋吉避凶、祈愿祝福的美好愿望。人物纹样历来倍受人们的欢迎，有着其他纹样所无法取代的魅力及独特的文化内涵和风格特征。

川作家具中的人物纹样，人物造型准确，性格特征分明，画面构图生动，且一般都有辅助图案的烘托，如装饰纹样、花鸟、山水、动物等。这些辅助纹样起了很重要的作用，它们可以突出人物特征，构成人物环境，形成整体风格，使主题更加鲜明。

川作家具装饰图案的人物纹可分为四种：戏曲类、历史典故类、神话传说类、民俗类。

（1）戏曲类

四川这片古老而辽阔的大地，众多的民族和千姿百态的民风民俗，以及在这些民风民俗文化基础上产生的民间民俗戏剧，种类相当繁多。明清时期，四川形成了中国传统戏剧中的一大流派——川剧。川剧为四川文化的一大特色，语言生动活泼，幽默风趣，充满鲜明的地方色彩，具有浓郁的生活气息和广泛的群众基础。

由于川剧的盛行，为四川民间雕刻提供了大量素材，推动了以戏曲人物故事为雕刻装饰图案的大力

发展，形成了家具雕刻图案的重要组成部分。川剧剧目繁多，有"唐三千，宋八百，数不完的三列国"之说。川作家具中常见的人物戏曲图案有川剧名戏"白蛇传金山寺""柳荫记""玉簪记""彩楼记"，以及"穆桂英挂帅""三娘教子""雪梅教子""陈姑赶潘""岳飞辞家""双登科""上天梯"等。

（2）历史典故类

川作家具装饰图案中比较常见的人物纹样除了出自戏曲小说，还有以经典的历史典故为题材的，如"陶渊明爱菊""王羲之爱鹅""周敦颐爱莲""林和靖爱鹤"，俗称"四爱图"，还有《三国演义》《水浒传》《封神演义》中的人物故事，如"辕门射戟""李逵负荆""桃园三结义""许田射猎""文王访贤"等。

图4-49 "王羲之爱鹅"纹样

（3）神话类传说

神话传说类的人物纹图案多见于川作家具中的椅子靠背，题材内容主要有"天官赐福""观音送子""八仙过海""水漫金山""仙桃祝寿"等脍炙人口的民间传说。相传天官是道教的神，在家具上雕刻"天官赐福图"可以得天官赐福庇佑。

图4-48 "穆桂英挂帅"纹样

图4-50 "仙桃祝寿"纹样

图4-51 "天官赐福"纹样

（4）民俗类

民俗人物纹是指反映民间生活习惯、劳作、爱好、风俗等场景的纹饰。川作家具中的民俗人物纹，内容主要有表现生产的播种、收获、采莲、摘桑、取卤制盐、戈射行猎等图案，如"渔樵耕读""耕织图"等，也有表现建筑的门阙、楼观、庭院、仓房，以及表现官僚地主生活的场面等图案。川作家具中的民俗人物纹形象生动，充满生活气息，用笔简练，高度概括，艺术性很高，形象地表现了当地的民情风俗。

图 4-52　渔樵图

5. 几何纹样

几何纹是运用点、线、面组成的具有审美价值的图形，一般属于抽象图形，也有将几何形与自然形相结合，形成一种半抽象图形的。早在新石器时代，几何纹饰便在彩陶上大量使用，凝重朴拙的造型，严谨适宜的结构，单纯厚重的色彩，反映出的是当时匠师们巧夺天工的创造力和表现力。经历几千年的演变发展，几何纹逐渐形成了以点、线、面为构造的几何形系统。中国传统纹样中的几何纹主要有春秋战国时期的连珠纹、弦纹、直条纹、横条纹、斜条纹、云雷纹、百乳雷纹、曲折雷纹、三角雷纹、菱形雷纹、网纹等，以及唐宋以后的万字、方胜、龟背、瑞花、锁子、柿蒂、仙纹、如意等程式化的几何纹饰。

四川的几何纹样与当地蜀锦的发展密切相关，如孟蜀时成都蜀锦有长安竹、天下乐、雕团、宜男、宝界地、方胜、狮团、象眼、八搭韵、铁梗襄荷等。在今天我们所看到的川作家具中，其几何纹样主要有太阳纹、回纹、连珠纹、菱形纹、六角纹、冰裂纹、云纹等。

（1）太阳纹

通过对大量川作家具实物的观察和研究发现，有一种特殊的纹样频繁地出现在各类家具中，且这种纹样在其他地域家具中非常少见，即太阳纹。农耕文化中对于太阳的崇拜由来已久，加上由于四川地处盆地，周围多高山、气候阴雨，因而对于太阳的崇拜尤为明显。川作家具装饰图案中的太阳纹主要有两种形式：一种是不带花瓣边缘的太阳纹，一种是有花瓣边缘的太阳纹。后者因带有花瓣边缘，形似葵花——也叫向日葵，因花序随太阳转动而得名，古称"迎阳花"，在装饰图案中常用于太阳的象征。

图 4-53　太阳纹的两种形式

（2）回纹

回纹即"回"字形纹饰，形态是以一点为中心，用方角向外环绕形成的图案。回纹在川作家具上的应用非常普遍，并且在造型特点及装饰部位方面已形成一定的规律。川作家具上的回纹造型主要有单体回纹、一正一反回纹（俗称"对对回纹"）和连续不断的带状形回纹（俗称为"回回锦"）。

川作家具尤其是桌案类家具，四脚常用单体回纹做装饰，回纹向内侧环绕两圈半，回纹不直接着地，而是在底部有一小截"台基"，类似龟足，颇具特色。这样做是因为四川地区气候潮湿，木质家具尤其是接地部位很容易受潮，加一小截"台基"可防止回纹装饰被腐蚀。较之中国传统家具中用铜套

图 4-54 桌案家具足部的单体回纹

脚来防潮，川作家具的这种做法显得更为经济实用。

对对回纹在川作家具中则常见于圆桌的足部，位于托泥下，一正一反，分别向内侧环绕两圈半，并且对对回纹底部也有一小截"台基"。圆桌幅面较大，通常会在足部加托泥，起到了加固桌腿的连接与稳定。连续回纹在川作家具中通常用作边缘装饰，富有整齐划一而丰富的效果。请看图 4-56 中圆桌牙板部位的连续回纹。

图 4-55 圆桌足部的对对回纹

图 4-56 连续回纹

（3）连珠纹

连珠纹，又称联珠纹、圈带纹，是中国传统文化中的一种几何图形的纹饰，是由一串彼此相连的圆形或球形组成，成一字形、圆弧形或 S 形排列，有的圆圈中有小点，有的则没有。

川作家具中的连珠纹运用很多，大部分是由一个一个凸起的圆珠彼此相接而成，且根据装饰部位的不同而呈现不同形式的排列。桌案类家具上的连珠纹通常与花瓣纹、卷草纹配合，成一字形装饰于家具束腰和牙板。梳妆台上的连珠纹的运用更为普遍，大部分装饰于梳妆台花板，与西洋风格的花卉纹、卷草纹配合，呈扁平的灵芝头状；或装饰于梳妆台的镜框，形成椭圆的连珠纹。

图 4-57 川作家具中的连珠纹

（4）菱形纹

菱形纹线条变化多端，或曲折，或断续，或相套，或与其他几何纹相配，奇诡如迷宫，色彩丰富而搭配巧妙，富于极强的动感，把折线之美表现到无以复加的程度。因菱形纹可以无限地向四方扩展连续，故被称为"长命纹"。而有些菱形纹类似漆耳杯，故被称为"杯纹"，寓意生活丰裕。

川作家具中的菱形纹，形式主要有以下三种：其一，空心菱形纹，即由两组平行的线条斜交组成的菱形，且菱形里面不作任何修饰。这种菱形纹单独做装饰，显得太过单一，所以，通常空心菱形纹会与花卉纹、卷草纹等配合；也有将空心菱形纹作底，其上再浮雕各种纹样做装饰。其二，内套菱形的菱形纹，即每个菱形纹里面再阴刻一个相似的小菱形。其三，内嵌花卉纹的菱形纹，即在每个菱形纹里面嵌简单花卉纹。

图 4-58 梳妆台花板上的菱形纹

在川作家具中，菱形纹多见于梳妆台，成四方连续形式排列，且主要装饰于梳妆台镜子两侧的花板，通常与花卉纹、卷草纹及其他几何纹等组合在一起。

（5）六角纹

六角纹在中国传统装饰纹样中算是比较少见的一种，但是在川作家具中却比较普遍。

川作家具中的六角纹，其组成形式是：其中任一条边的首端与其上一条边的三分之二处成120°夹角榫接。六角纹在川作家具中，通常装饰于床围子及茶几、圆桌的底座。六角纹的整体造型简洁而优美，宛若盛开的花朵，用于家具上既起到装饰作用，又能增加稳固性，且其通透性也不易使家具产生沉闷感。

图4-59 六角纹

（6）冰裂纹

冰裂纹是模拟冰开裂形成的自然纹路，最早将其运用在传统艺术上的是中国瓷器。哥窑上的"开片"即冰裂纹，系胎釉膨胀系数不一导致釉面出现裂纹，实际上是一种缺陷，却被制瓷工匠巧妙地用来作为装饰纹样，且效果精美绝伦，有浑然天成、巧夺天工之感。

家具中使用冰裂纹是在瓷器之后，而且它也是受瓷器的影响才得到推崇。冰裂纹运用在家具上，既满足了特定家具部件需要"透空"的功能，又极大地丰富了家具的形体和装饰效果：看上去似透明的冰，又如梅花片片，层层叠叠，具有较强的立体感。毫不夸张地说，冰裂纹是极典型的化腐朽为神奇的残缺之美。

川作家具中的冰裂纹常以榫接的形式饰于床榻的围栏、椅背、透空的橱门，以及茶几、圆桌或衣

架的底座。因冰裂纹寓意寒窗苦读，所以在书房家具及门窗上尤为多见，也契合四川当地长期以来的崇文之风。

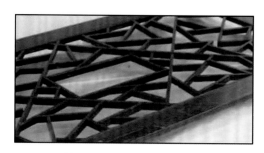

图4-60 书桌底部的冰裂纹

（7）云纹

云纹是我国丰富多彩的装饰纹样中非常典型的一种，在中国传统家具上广泛运用。

古人认为，云不仅直接反映天气形势，也能预测未来的发展趋势，认为云的运动形态体现着大自然的生机造化，关系着世间万物的生成与发展。云以其凌空之势和无常之象，让人们心生对天帝的敬畏与崇拜，视之为天意的显示与实施。云的变幻莫测，也使古往今来诸多美丽的神话传说附会于云，但凡神灵，莫不是彩云烘托、祥云缭绕。云，作为自然力量的显示和实际产生的巨大功利作用，由此逐渐附会地体现人们企盼、敬畏和崇拜心理的超自然性质，使之在古人的观念世界中逐渐升华、抽离，进而演绎为超越自然和感官经验的普遍观念。也因此，古人往往以"云"来修饰世间的美好事物，如云鬓、云锦、云游等。云纹形态多样，有十分抽象规则的几何图形，也有生动形象的自然图形。古代人们长期的采集和耕作实践，对云和雨决定收成的影响产生期盼和敬畏。使云在人们心中得到升华和抽象，对之产生崇拜和敬畏之情。

就艺术形态而言，云纹是一种极具中华文化特色和民族气息，颇为抽象化、程式化的传统装饰纹样。它通常以涡形曲线为基本构形元素，按照一定的结构模式和组合方式构成。其形态如云朵舒卷缭绕、翻腾盘曲，如云气弥漫飘逸、飞扬流动，如云霞五彩斑斓、光怪陆离。

川作家具中，云纹是运用面最广、形态最为丰富和生动的纹样之一。川作家具中的云纹，以阴线纹、阳线纹、阴阳线并用纹饰和粗细线混合纹饰等

形式，表现出云纹丰富多彩的样式，主要有勾云纹、云雷纹、云气纹、云头纹、十字形云纹等。川作家具中的云纹形态和用法都很多，有的是单独完整、左右对称的云头；有的是蜿蜒舒卷，有规律地延伸或漫无定形的流云。前者亦称卷云纹，常用在桌案类、椅凳类家具的牙头上，既可把牙头做成云形，也可

作为牙头上的浮雕花纹；或与其他纹样组合，装饰于牙板、靠背板，以及橱柜门、床挂落或床围子等部位，如川作靠背椅的靠背板上通常刻有云纹与蝙蝠纹组成的"洪福齐天""福至图"。后者则多用作家具的边缘装饰或图案主题的陪衬，如有些川作桌案类家具的牙板部位通常雕刻呈带状延伸的云纹。

图 4-61　方凳牙板部位的阴线卷云纹

图 4-62　方桌牙板部位呈带状延伸的阳线云纹

6. 文字纹样

文字纹是一种特殊的装饰纹样，文字本非图案，若将文字书写错落有致犹如花纹，或将文字作图案化布局，就形成了具有装饰效果的文字纹。川作家具中的文字纹，主要有寿字纹、万字纹、双喜纹等。

（1）寿字纹

"寿"字是中国汉字中一个古老而神秘却又多变的异形单字，据统计，"寿"字有300多种写法，变化极为丰富。它蕴涵着人们对于生命的热爱，对于吉祥的追求。经过数千年历史文化的洗炼，它所蕴含的丰富意境，几乎为每一个中国人所认知。寿字也逐渐被图案化、艺术化，成了一个吉祥的符号。

中国人对寿字的创造和运用，表现出丰富的想象力，既对寿字进行变形变体的创造，又对寿字进行巧妙组合，来表达对长寿的祈望。寿字纹既有多字构图的，也有单字构图的，字形圆的称"圆寿"或"团寿"，字形长的称"长寿"，还有花寿。"团寿"的线条环绕不断，寓意生命绵延不断；"长寿"则是借助寿字长条的形式表示生命的长久；而花寿

是寿字与图案的组合搭配，以寿字为主体，辅以各种具有吉祥意义的人物、花卉等。

川作家具中的寿字纹在各类家具中均有出现，通常以浮雕、线雕形式装饰于座椅靠背板、牙板，桌案家具牙板，以及其他类家具上，或者以透雕的形式装饰于床挂面、橱门等。川作家具中的寿字纹，样式主要有团寿和花寿。尤其是团寿纹，在各类家具上频繁出现，其造型丰富多样。有的团寿纹外加一圈花瓣纹——通常为菊花瓣或莲花瓣，称之为"花瓣团寿"。花瓣团寿在川作家具中很常见，颇具特色。并且，中国传统装饰纹样中团寿纹的写法虽然有成百上千种，但在川作家具中，其写法通常

图 4-63　团寿纹

图4-64　川作家具中的花瓣团寿纹

只有3种（图4-64）。

　　与团寿纹相比，川作家具中的花寿纹则出现得较少一些，其样式通常是与卷草纹结合的左右对称的寿字纹，抽象变形得不太明显。花寿纹因与卷草纹的结合而达到向左右延伸、与其他纹样衔接的效果，故通常装饰于圆桌的牙板处，雕刻方式多采用浮雕和透雕。

图4-65　川作家具中的花寿纹

图4-66　川作家具中的万字纹

（2）卍字纹

　　"卍"是古代一种符咒，用作护身符或宗教标志，常被认为是太阳或火的象征。卍字纹在梵文中意为"吉祥之所集"，佛教认为它是释迦牟尼胸部所现的瑞相，有吉祥、万福和万寿之意。唐代武则天长寿二年（693年）采用汉字，读作"万"。

　　卍字纹由简到烦、由单到双，字符四端纵横伸延，互相衔接，四端向外延伸，形成的连锁花纹，称"万字锦""长脚万字"，常用来寓意绵长不断和万福万寿不断头之意。

　　卍字纹象征吉祥万寿，并且作为佛教标志的卍字纹在川作家具中大量出现，一方面反映了老百姓祈福祝寿文化的兴盛，一方面也与当地佛教盛行有一定的联系。在川作家具中的卍字纹形式，既有左旋（卍），也有右旋（卐）。

　　佛家认为卍字纹应以右旋为准，因为佛教以右旋为吉祥，佛家举行各种佛教仪式，都是右旋进行的。而左旋卍字纹同样被广泛运用于川作家具中，这些左旋卍字纹大多是取吉祥寓意。

　　卍字纹曾经有浓厚的宗教意味，后来渐渐失去了原来的含义，而审美成分越来越浓，渐渐演变成传统的审美对象了。

（3）双喜纹

　　双喜纹是中国传统纹饰之一，是文字纹的一种。双喜纹形成，有现实的依据和特定的文化背景，它是原始的"葫芦生殖"崇拜与葫芦外形不断美化和升华的产物。此外，"喜"属于会意字，它的甲骨文的上部分为"鼓"字，下部分为"口"，"鼓"表示欢乐，"口"则指发出欢声。与其说"喜"是一个字，还不如说它是一种吉祥图符。将"喜"字加以图案化，施用于瓷器、布帛、家具、木雕等器物之上，作为装饰，寄寓了双喜临门、喜上加喜之意。双喜是把两个喜字结合在一起，结合以后实际是一个新的固定的符号。

川作家具上的双喜纹，其样式主要有两种：一种是将"吉"字与"古"字上下连接，形成一个"喜"字，再将两个"喜"字左右并排，并将下部两个"古"字的横连接起来，构成双喜纹；另一种是两个"古"字上下连接形成一个"喜"字，再将两个"喜"字左右并排，并分别将上下两排"古"字的横连接起来，构成双喜纹。

图 4-67　川作家具中的双喜纹

7. 装饰艺术图案纹样

装饰艺术运动于 20 世纪 20 年代至 30 年代起源于法国，这个时期的纹样装饰特点是：比较机械化的、几何的、纯粹的装饰线条。如：光芒状线条、齿轮状或流线型的线条，闪电图案、对称简洁的几何构图等。

这些图案和我国传统几何图案最大的区别在于其往往带有尖锐的角，而中国传统几何图案往往线型柔和，如卍字纹、回纹等，因为在中国的传统风水观念里认为锐角带有煞气，有"曲屈有情""曲则生吉""吉气走曲，煞气走直"的说法。

在川西卧房家具中，这些图案往往出现在衣柜、边柜、梳妆台的面板上，在架子上的花罩上也偶有出现，且通常与其他中式纹样结合。

图 4-68　装饰艺术图案

8. 综合纹样

川作家具中的综合纹装饰图案，绝大多数都是有吉祥寓意的图案。

吉祥图案在家具上的运用大约起源于商周，至宋代已被广泛使用，明清更盛，达到了"图必有意，意必吉祥"的地步。它不仅有洪福吉祥之内涵，更是绘画艺术和语言艺术的珠联璧合。川作家具装饰图案形象神形兼备，体现美好意境，追求理想浪漫的思想情怀。它打破了自然物象的束缚，将美好事物集于一身，创造了许多理想烂漫的综合纹装饰图案。

川作家具装饰图案中的综合纹丰富多样，其组合形式有两种纹样的组合、三种纹样的组合和四种纹样的组合，其中常见的是两种纹样和三种纹样的组合，四种纹样组合的图案较少见。

二、川作家具装饰图案的地域特色

川作家具装饰图案题材丰富多样，既有现实生活的写照，如"喜鹊登梅""渔樵耕读"等，又有纯出幻想臆造，如"麒麟送子""八仙过海""凤穿牡丹"等。这些图案以艺术的手法表现了大自然、形体、运动产生的节奏感和韵律美。随风摇曳的花枝，人物飘舞的袍带，腾云驾雾的神兽，游动自如的鱼，无不使画面呈现运动的视觉效果，写意风格十分明显。这种寓动于静的装饰图案风格，是"寓形于神"在川作家具上的生动体现，也充分显示了川作家具的制作者们强烈的创作激情和源自生活体验的丰富灵感。

通过对这些装饰图案的寓意解读，可以发现川作家具装饰图案的特点，归结起来主要为八点：自然崇拜、宗教影响、生育崇拜、崇文之风、僭纵逾制、西风东渐、博采众长和休闲娱乐。

1. 自然崇拜

自然崇拜，就是对自然神的崇拜，它包括了天体、自然力和自然物三个方面，如日月星辰、山川石木、鸟兽鱼虫、风雨雷电等等。这是人类依赖于自然的一种表现。川作家具装饰图案中，大量的动植物纹样以及云纹、太阳纹等自然物象纹样的运用，正是四川当地民间普遍盛行的自然崇拜思想的体现。

尤其是太阳崇拜。在农耕文化时代，对太阳的崇拜是非常普遍的现象，加上由于四川常年湿润的气候，因而当地的太阳崇拜尤为明显。在金沙遗址中发现的太阳神鸟和三星堆的神树，证实了早在几千年前的四川先民就已经有了对太阳的崇拜。太阳崇拜在四川人心中打下了深刻的烙印，其在川作家具装饰图案上的体现，就是大量太阳纹的运用。

在川作家具，尤其是架子床中较常见的"金鸡闹芙蓉"纹样，也是当地太阳崇拜的表现。金鸡在传说中是一种神鸟，《神异经》中记载："盖扶桑山有玉鸡，玉鸡鸣则金鸡鸣，金鸡鸣则石鸡鸣，石鸡鸣则天下之鸡悉鸣，潮水应之矣"。后金鸡为报晓雄鸡的美称，是太阳的代表。

此外，在川作家具装饰图案上大量运用的红色，也是太阳崇拜的表现。因为古人认为红色源于太阳，烈日如火，只有在红色的太阳照耀下，万物才能生机勃勃。

2. 宗教影响

伟大的宗教时代也可以看作是伟大的工艺时代。民间艺术的繁荣也有着宗教信仰的背景。一个重信仰的时代，民间艺术也必然会蓬勃发展。

四川作为道教的发祥地，千百年来道教文化潜移默化地影响着当地人们的思想和言行，可以说，道教信仰直接促进了八仙、"暗八仙"、葫芦纹，以及鹤纹等道教图案在当地民间家具上的广泛运用。同时，道家的生活态度和价值观念使追求长生成为普遍的人生目标，于是在川作家具中又有"五福捧寿""福寿双全""福寿万代""鹤鹿同春""松鹤长春"等大量寓意长寿的装饰图案。

四川又是中国佛教传播的重要地区，有近 2 000 年的历史，向有"言禅者不可不知蜀"之说。佛教长期以来在四川的盛行也对当地产生了深刻的影响，其在川作家具上的体现就是大量佛教意味的装饰图案的运用，如莲花纹、串珠纹、葡萄纹、佛手纹、香炉纹、卍字纹等。

3. 生育崇拜

生育是人类社会得以延续的保证。四川先民们对于祖先的认识和记忆，首先在于其繁衍后代、生育子孙的业绩。先民们对生育的崇拜一方面源于对祖先的崇拜；另一方面由于古时候人口稀少，物质生活水平及医疗条件的落后，导致人们存活率普遍较低，且寿命不长，而生育是人类社会得以延续的保证。

再加上四川历史上曾经有好几段时期因为连年战乱而导致当地人口骤减，例如著名的"湖广填四川"大移民活动就是在这样的历史背景下发生的。这样的处境让他们对生命的延续，对幸福有了更加强烈的渴求，祈育意识和生育崇拜观念也由此根植于他们心中。

通过对川作家具装饰图案的寓意解读，可以发现大量寓意"祈子""多子"的装饰题材，如石榴纹、葫芦纹、葡萄纹、瓜蝶纹，以及"观音送子图"和"麒麟送子图"等。

4. 崇文之风

孔子创立的儒家思想统治中国 2 000 年之久，受其影响，四川的崇文之风由来已久。四川历史上的几次大移民中，有大批文人"入蜀"，更促进了当地文化教育的发展，并引导了当地习文的风气和传统。据《汉书》载："至今巴蜀好文雅，文翁之化也"。加上四川地理位置独特优越，人民生活富足安定，耕读传家，拥有独特的文化情操。

这种崇文之风表现在川作家具上，就是大量冰裂纹、博古纹、"岁寒三友"和"四君子"，以及"麒麟吐书"等纹样的运用。冰裂纹象征学子寒窗苦读，寓意睿智而深刻；博古纹琳琅满目，透露出浓厚的文人雅识氛围；以"岁寒，知松柏之后凋也"为人格原型的松、竹、梅"岁寒三友"吉祥图案，以及梅、兰、竹、菊"四君子"组合吉祥图案，都被文人学士用来作为坚贞、高洁情操的礼赞和自我表达；"麒麟吐书"与儒家学派创始人孔子有着密切的渊源，传说在孔子出生之前，麒麟来到他们家的后院口吐玉书，因而麒麟常用于四川传统民间书房家具，寓意圣贤诞生。

此外，在川作家具中，还有将笔、锭和如意一起组成的装饰图案，寓意"必定高中""必定如意"。这些装饰图案在川作家具上的大量运用，足以体现当地的崇文之风。

5. 僭纵逾制

四川地处盆地，四周环山，和外界的交通不便，正所谓"山高皇帝远"，使得川人生性诙谐、幽默调侃而不拘成礼。这一点，在开始较早的四川民居方面的研究中已被证实。著名的建筑史专家刘致平先生在对四川民居的实地调研后认为，四川民居普遍存在不循祖制、离经叛道的现象。如成都的陈府，"制度雕镂全是僭纵逾制……陈宅的一切设置全是逾制……正厅不作过道、正房间数太多、前门共作三道出入，雕饰特别繁富……这些布置说明宅主人是个很不守清代法制的人"。刘先生最后对四川民居有个结论：僭纵逾制。

由于四川建筑文化的区域特征，即"僭纵逾制"，这种文化现象也就不可避免的影响到川作家具。通过调研大量的川作家具，对其装饰图案进行深入的研究和分析发现，在川作家具装饰图案中的确体现了"僭纵逾制"这一特点。其中，最典型的例子是川作家具中的龙纹图案。形象非常完备的具象龙纹样一般只可以由皇族使用，所以民间大部分采用简化抽象或变形的龙纹样。但由于四川偏居一隅，远离封建统治阶级的政治中心，受封建制度和礼制的约束较其他地区轻，所以，川作家具装饰图案中不乏雕工精致、具象而生动的龙纹。

此外，通过对川作家具装饰图案的研究发现，其在用色方面也很大胆和高调，比如黄色与红色的大量运用。封建社会的皇帝为体现天下最奢华之态，最主要使用的色彩是金黄色，与之并列的是红色。皇宫中使用吉祥图案也以黄色与红色为主，作为皇

权的象征。红色是民间与皇帝共享，黄色则是皇帝独有的颜色，民间百姓一定不可造次。而川作家具装饰图案中大量运用黄色，可以说是"僭纵逾制"的又一体现。

6. 西风东渐

基督教的传入为四川走向现代社会奠定了一定的基础，其在开启民智的同时，还直接带进了西方的先进生产设备和技术，以及新颖的西方艺术元素。这种"西风东渐"不仅仅反映在家具形制和制作工艺上的西洋化，在装饰图案上也能很直观地体现。例如在川作家具中大量出现的西洋风格的装饰图案——西番莲纹、葡萄纹、残荷纹，以及一些较抽象的几何纹等。

这些西洋风格的装饰图案在川作家具中或直接应用，或进行变形加工后再应用，或与当地传统纹样结合应用。前文中多处所提到的"明显带有民国风格"的川作家具就是采用了这些西方元素的结果。这些家具不仅样式新颖，而且装饰纹样别具一格，大大丰富了川作家具的特色。

7. 博采众长

四川历史上经历的七次大移民，不仅增加了当地人口的数量，改变了当地人口的结构，也带来了先进的生产工具、生产技术以及新颖的文化元素，促进了四川经济的发展和社会的进步。例如"湖广填四川"大移民为川作家具带来了大批不同地区的匠人，这些匠人推动了川作家具的工艺制作水平，更丰富了川作家具的品种和装饰图案。再加上四川省内及周边大量少数民族的聚集，长期与之进行经济和文化往来，为川作家具带来了独特的异域元素。

川作家具正是在这样一种丰富多样的民风民俗文化基础上产生并一路走来，可以说，川作家具是集聚了各地的特色与精华，即"博采众长"，而后逐渐形成了今天我们所看到的如此绚丽多彩的装饰图案。

8. 休闲享乐

四川虽然处于险山恶水的包围之中，中间却有一大片地势平坦的成都平原，土地肥沃，四季分明，

最适宜农作物生长，加上秦朝时期修建了著名的大型水利工程"都江堰"，四川成为中国的一大产粮区域，物产丰富，民俗丰厚。在这样相对闭塞而生活优越的环境中，四川人逐渐形成了一种气定神闲、宁静不争、休闲玩乐的性格特征。俗语说"少不入川，老不出蜀"，这原是李鸿章说过的一句话，意思是：天府之国是温柔乡，迷花了少年郎。若在四川久居，小富即安，玩物丧志而难成大事，巴蜀的乐土消磨了少年的斗志。当年有汉代的大才子司马相如和卓文君当街卖酒，晋代左思的《蜀都赋》描写蜀人的酒宴"合樽促席，引满相罚，乐引今昔，一醉累月"，陆游也曾对成都下过定义"豪华行乐地，芳泽养花天"。虽然有些文字的夸张，可是四川人自古以来的享乐精神也可见一斑。

四川人的这种享乐精神主要反映在当地的茶文化、戏剧文化、棋牌文化及饮食文化等方面。其在川作家具上的体现，就是大量丰富多彩的人物纹样的运用，例如当地有名的川剧剧目"白蛇传金山寺""柳荫记""玉簪记"等戏曲类人物纹样，"四爱图""辕门射戟""李逵负荆""许田射猎""文王访贤"等历史典故类人物纹样，"天官赐福""观音送子""八仙过海"等神话传说类人物纹样，以及"渔樵耕读""耕织图""闺训图"等民俗类人物纹样。还有"苏东坡与放鹤亭"典故，其反映的是古人的雅趣，更寄托了四川人对闲适生活的追求和向往，体现了四川人的享乐精神。

伍

川作家具的

常见用材

民间家具大多就地取材，既廉价又方便，在遇到家具损坏需要修补的情况时也很容易找到合适的材料，将其修理好而不露修补痕迹。榆木、核桃木多产于我国北方，因此北方家具多以榆木、核桃木为主。如山西的核桃木家具，几乎是山西独有的家具，尽管其他地区也有发现，但都没有山西地区那么集中和优秀。如广式、海式家具多为红木家具，这是因为广州、上海地处我国门户开放的最前沿，是东南亚优质木材进口的主要通道，当时两广又是中国贵重木材的重要产地。此外，在中国民俗家具的制作中，各种木材的选用与搭配往往约定俗成。某种木材与另一材质固定搭配使用，或取其木质，或取其纹理，或取其色彩搭配，从而形成一定的用材规律。因而民间家具的材质只要能看出一种，便往往能由此及彼地推断出与其搭配的另外一种木材。民间工匠中流传着这样一些相关的口诀："楠配紫（紫檀），铁配黄（黄花梨），乌木配黄杨，高丽镶楸木，川柏配花樟（樟木瘿子），苏作红木楠木瘿，广作红木石芯膛，榉木桌子杉木底，榆木柜子杨木帮。"

四川地区盛产楠木和柏木，因此由这两种木材制作的家具在四川地区最为多见。明代文献里常常提到，楠木为做家具的良材。楠木极为耐腐，易干，且木性稳定，不易开裂，纹理细腻，打磨后表面会产生一种迷人的光泽，常被称作"金丝楠木"，是一种极高档的木材，其色浅橙黄略灰，纹理淡雅文静，质地温润柔和，无收缩性，遇雨有阵阵幽香，是非硬性木材中最好的一种。明及清前期家具除有整体用楠木者外，常与几种硬性木材配合使用。南方诸省均产，唯四川产材质为最好。柏木是四川省特有的天然木材，并享有"木材之王"的美誉。其生长周期长，木质坚硬，纹理细腻，有自然树节。据《中华博物》中记载：柏木色黄、质细、气馥、耐水、多结疤。柏木因有香气而防潮防蛀，古时广泛用于建筑物的梁、柱、桁等防腐受力的重要部位。

从四川地区现存的椅子来看，绝大多数都是用柏木、楠木制作的，另外还有用杉木、樟木、红椿木、竹材和石材来打造的。由于木材资源丰富，很少遇到由杂木制作或使用包镶做法制作的家具。可见就地取材，是农耕文明时期家具用材的普遍规律。即使在今天，四川地区依然有很多实木家具厂在生产和制作楠木、柏木家具，在民用家具市场上享有较高的声誉。

一、楠木

楠木为我国特有，是驰名中外的珍贵用材树种，主要产于我国云南、广西、四川、湖北、湖南等地，是一种极高档木材。其色浅橙黄略灰，纹理淡雅文静，质地温润柔和，无收缩性，遇雨有阵阵幽香。南方诸省均产，唯四川产为最好。明代宫廷曾大量伐用。

楠木易干，且木性稳定，不易开裂。楠木纹理细腻，打磨后表面会产生一种迷人的光泽。传说"水不能浸，蚁不能穴"，适宜用于建筑、家具、棺椁、牌匾等，楠木家具则以床、榻、几、案、桌、椅、箱、柜为主。楠木不腐不蛀有幽香，皇家藏书楼、金漆宝座、室内装修等多为楠木制作，现北京故宫及京城上乘古建多为楠木构筑。

据《博物要览》记载："楠木有三种，一曰香楠，二曰金丝楠，三曰水楠。"香楠（图5-1）多产于南方，色微紫，纹理优美，向阳处呈现人物、山水之纹，其味清香。金丝楠呈浅橙黄略灰，纹理淡雅文静，木纹有金丝，在阳光下闪烁可爱，质地温润柔和，是楠木中的上品。金丝楠大多出于川蜀之地的深山中，木纹带有金丝，用阳光、灯光照着可以看到明显的金丝闪烁。金丝楠木纹理众多，其中顶级的甚至可以看出似山水人物的纹理。水楠色清而木质松，可以做板凳之类。视质地和纹理的不同，业内对楠木有如下称呼：金丝楠、豆瓣楠、香楠、龙胆楠。

图 5-1　香楠

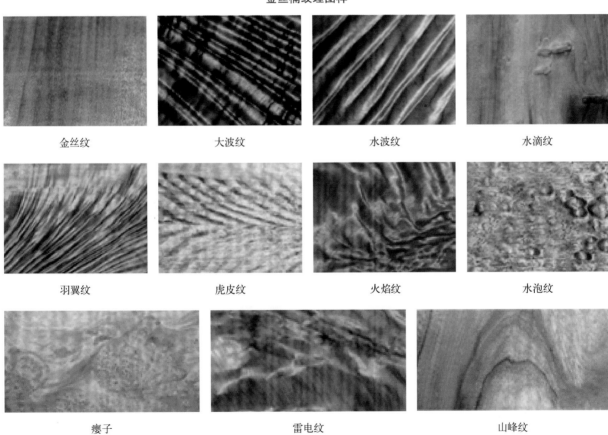

图 5-2　水楠

金丝楠纹理图样

金丝纹

大波纹

水波纹

水滴纹

羽翼纹

虎皮纹

火焰纹

水泡纹

瘿子

雷电纹

山峰纹

二、柏木

柏木主要分布在长江流域和中国南部地区，以四川、湖北西部、贵州生长最多。明清时期，四川地区产的柏木的价格和当时的楠木价格差不多。

柏木为有脂材，材质优良，纹理直，结构细，耐腐，可供建筑、车船和器具等用材。根据柏木心材、边材颜色深浅、材质好坏、加工难易而分为油柏、黄心柏和糠柏。柏木有香味可以入药，柏子可以安神补心。每当人们步入葱郁的柏林，望其九曲多姿的枝干，吸入那沁人心脾的幽香，联想到这些千年古木耐寒长青的品性，极易给人心灵上以净化。

由此可知，古人用柏木做家具时的情境。柏木色黄、质地细密、气馥、耐水，多节疤，故民间多用其做水桶。

四川大巴山原始森林中多松树、柏树、香樟树以及银杏、红豆树等，柏木木材的直径有28~60厘米，成材时间为几百年。

图5-3 油柏图

图5-4 四川大巴山原始森林柏

三、杉木

杉木为中国南方常见树木，生长快，材质好，具香味，材中含有"杉脑"，能抗虫耐腐，加工容易。木材呈浅黄褐色，纹理通直，结构均匀，不翘不裂。广泛用于建筑、家具、器具、造船等各方面。

杉树种类极多，在中国大部分地区都有生长。杉木常用来作建材，然而，一些硬度较强、密度较大、肌理较均匀的品种也被用来制作家具。

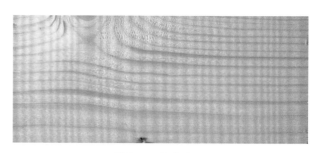

图5-5 杉木木纹

四、樟木

樟木主产长江以南及西南各地，木材块状大小不一，表面红棕色至暗棕色，横断面可见年轮。

樟木为樟科樟属树种，因木理多纹成章，故名樟木。樟木心材红褐色，边材灰褐色，木大者数抱。樟木肌理细而错综有纹，切面光滑而有光泽，油漆后色泽美丽，干燥后不易变形，可做染色处理，宜于雕刻。樟木有强烈的樟脑香气，味清凉，有辛辣感，可使诸虫远避，又名"香樟"。我国的樟木箱名扬中外，有衣箱、躺箱（朝服箱）、顶箱柜等诸品种，桌椅几案类唯北京居多。

旧木器行内将樟木依形态分为数种，如红樟、虎皮樟、黄樟、花梨樟、豆瓣樟、白樟、船板樟等。黄樟又名南安、香湖、香喉等，樟科常绿乔木，树皮暗灰褐色，枝条粗壮，圆柱形，叶互生，通常为椭圆状卵形或长椭圆状卵形。

图 5-6　樟木

图 5-7　香樟

图 5-8　黄樟

五、红椿木

红椿主要生长于中国南部等省份，如安徽（泾县）、福建（南靖）、广东、广西、湖南（花桓）、贵州（册亨）、四川（南川）和云南。红椿木心材深红褐色，边材色较淡，纹理通直，结构细致，花纹美观，材质轻软，防虫耐腐，干燥快，变形小，加工容易，油漆及胶粘性能良好，是建筑、家具、船车、胶合板、室内装饰良材。

图 5-9　红椿

图 5-10　红椿木木纹

六、竹材

四川竹子有 18 属，140 余种，2014 年四川省竹林面积已达 1 700 万亩，居全国第一位，其中有 70 多种竹为四川特有。《艇华阳国志·蜀志》记载："岷山多梓、柏、大竹。"成都的竹器，大竹、达县的竹家具等也都有一二百年的历史。

竹家具古朴、大方、简洁、自然，具有浓厚的乡土气息，目前仍为大多数人民生活中的必需品。四川的茶馆，多以竹为棚，摆满竹桌、竹椅，在茶香四溢的空间里或闲聊畅谈，或打牌抽烟，或欣赏曲艺，或洽谈生意。

传统的硬木家具与竹家具二者之间有着相辅相成的关系，借鉴彼此的精华，制成独特而又舒适的家具形制。尤其在清代，用竹子为主材料做成竹家具，用硬木材料仿制竹家具，以及用竹材为装饰原料做成文竹家具，无不说明竹材是制作家具的一种重要和优良的用材。

图 5-11　蜀南竹海

图 5-12　老成都悦来茶馆一角中的竹家具

陆

川作家具的
工艺特征

一、漆饰工艺

民间家具的木材一般为就地取材。四川地处中国西南，所产的木材通常为温带阔叶材，木材质地不是很坚硬，相比明清时期宫廷用的热带硬木来说，木质较软。这些当地的软木在使用的过程中容易磨损，易遭受水、潮气、酸碱的腐蚀还有虫子的侵害，但这类木材不易变形。因而，古代的工匠在制作这类家具时，通常是在这些木材的表面涂一层中国特产的大漆，既保护了脆弱的木材，增加了强度，又能起到表面装饰作用。

四川地区的上漆流程一般为，首先上"靠木漆"，即用砂纸打磨下白胚，然后用湿毛巾擦拭下，让木材表面稍微湿润些，利于上漆。大漆一般需提纯，去除漆中的杂质，通常用纱布包裹过滤，然后用专门的毛刷上漆。漆层不能刷太厚，太厚不利于快速干燥。大漆的自然干燥过程比较缓慢，为一到两天的时间，如果控制好合适的温度和湿度的话，会大大缩短干燥的周期。待底漆干后，打磨，接着再上一遍大漆，干后再打磨。刷的遍数，依实际情况而定，有些观赏性的大漆制品要刷数十道漆。

图 6-1　调配前的大漆

图 6-2　调配后的大漆

图 6-3　刷漆工具

图 6-4　师傅正在刷漆

民间髹漆家具通常还有一种保护木材的方法为"批麻挂灰"。即在木胎上裹上一层麻布，再抹上用猪血调制的灰泥，然后再上漆。这种批麻挂灰有点像现在的打腻子，既有利上漆层，又使得刷的漆层非常平整。大漆的价格对于当时的普通老百姓来说是非常昂贵的，所以普通老百姓一般在椅和案的底部和柜子的内部，批上一层麻布，抹上灰泥就行了，这些隐蔽的地方，就省去上大漆了。

四川漆艺用漆非常考究，所使用的生漆原料主要采自川内上佳漆树，并通过其特有工艺熬制，再经过多重过滤，直至"清如油、明如镜"方能使用。民间家具多用当地产的柴木，为掩盖木材的材质缺陷，同时也是为了保护木材，漆饰得到广泛应用。四川盛产生漆和朱丹，是制作漆器的主要原料，所以成都自古以来就是中国漆器的主要产地之一，有"中国漆艺之都"的称号。成都漆器又称"卤漆"，起源于距今3 000余年的商周时期，其工艺水平在相当长时间内遥遥领先于全国，最具特色的是精细彩绘、雕花填彩、雕锡晕色丝光。

根据所髹漆的颜色不同，川作家具的漆饰可分为素髹装饰、混合髹装饰、髹画装饰三种。

1. 素髹装饰

大部分中国传统家具所采用的髹漆工艺都是素髹。"素髹"文字记载最早见于《韩非子》："然其用

与素髹筴同"。素髹也称单色涂，是中国最古老的髹漆技法，始于远古，盛于宋代。素髹工艺以生漆自身的独特材质取胜，用色纯净，肌理深邃，意味古朴而醇厚，而漆膜本身却薄如蝉翼。这种工艺自出现后便备受推崇，风行于世。

中国传统家具上采用素髹装饰技法已有相当长的历史。宋代素髹工艺在前朝工艺的基础上进一步改良与优化，达到了炉火纯青的地步，被大量用于传统家具的装饰中，加上宫廷家具为取得庄重朴素的效果也多采用素髹装饰——尤以素髹黑漆为主，所以素髹工艺在宋代达到了空前的鼎盛。及至明清，其传统家具也多是素漆家具，一般一色而成，在色彩上单纯而统一，此种形式类似于中国绘画中的浅绛画法。从官方来看，这是中国文人思想发展的产物，而对民间家具来说，采用素髹工艺却是很自然的事情。因为民间工艺向来以实用为本，髹饰不多的素漆家具满足了实用和美观的双重要求。因此，在川作髹漆家具中，以素髹家具为最多。

川作家具中的素髹装饰图案，透明色比较少。

图6-5　素髹红色、黑色的川作家具

因为民间家具大多采用柴木制作，有些木材质地不够细腻，甚至有缺陷，透明色无法掩盖，达到的装饰效果会大大降低。所以，川作家具的装饰图案大部分采用有色漆素髹。川作家具的素髹装饰图案设色比较简洁，通常只有一两种颜色，质朴中透着雅致，豪放中透着飘逸，具有蕴润、含蓄的质感。其中，运用较多的颜色是红色和黑色。

红黑两色自河姆渡时期就已经是髹漆用色的主色调，有着悠久的历史和深厚的文化韵味，古朴雅致中带喜庆气氛，深受人们喜爱而一直沿用至今。

红色在四川地区备受人们喜爱的缘由有很多：首先，崇尚红色是中华五千年文明的传统。古人认为红色源于太阳，中国人的祖先，对阳光有一种本能的依恋和崇拜。他们早知道只有在红色的太阳照耀下，万物才能生机勃勃。在这种文化背景下，红红火火的红颜色就自然而然地产生了喜庆和吉祥之意。第二，四川盛产朱砂——一种大红色的矿石，古时就被用作颜料，是髹漆工艺的主要原料。它可以调制出很多不同的颜色，尤其是红色系。因而川作家具装饰图案中所运用的红色，其种类相当丰富，多达十几种，有大红、银红、绯红、朱红、酡红、石榴红等。第三，被誉为"中国四大名锦"之一的蜀锦，其色素与色谱比较齐全，尤其是染红色，最为著名。故蜀锦又被称为"蜀红锦""绯红天下重"。红色在蜀锦上的广泛运用也影响到了其他领域包括家具，因而今天我们所看到的川作家具中有大量的红色运用。

2. 混合髹装饰

由于红、黑两色在川作家具中的广泛运用，使得素髹红漆与黑漆的工艺也发展得非常丰富多样，常见的是将两种颜色同时运用在家具上，我们称之为混合髹漆装饰。

川作红黑混合髹主要有三种：黑地红漆、红地黑漆和红黑漆相间。

图6-6椅靠背上的图案在黑漆地上涂了层红漆，又在花卉纹样上描以金漆，红漆和描金似乎为后人重新涂饰过。

图6-6　黑地红漆

图6-7的椅靠背，底层漆为红漆，在红漆上又罩了层黑漆，这种做工应该是追求颜色的层次和饱满。因为漆层带有一定的透明性，通过光线的穿透与反射，使得观察者觉得既沉稳又不失生动。这种黑罩红的上漆做工，在国内其他地方也有发现。

图6-7　红地黑漆

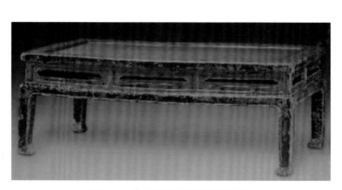

图6-8　安徽地区的红地黑漆的榻

图6-9为红黑漆相间的例子，这两件椅子的大部分上黑漆，在雕刻部位涂朱漆，红黑相间，古朴雅致中带喜庆气氛。

图6-9　红黑漆相间

3. 髹画装饰

漆器髹画工艺是基于人类对色彩的追求，通过调和颜料饰涂用具发展起来的。在川作家具中，髹画装饰运用得非常普遍。将油漆调制色料而制成的色漆，漆绘纹饰于素髹漆面上，使家具纯正、庄重、深沉的素髹漆面，与油漆彩绘出的明亮、鲜艳的花纹形成对比，相得益彰，获得极好的装饰效果。

髹画装饰主要有两种：描绘纹饰和彩绘髹画，川作家具中的髹画装饰图案主要为描绘纹饰。

川作家具中的髹画装饰，其用色主要为红色、黑色等较常见的颜色，以及在其他地域民间家具中少见的金色、银色、绿色、黄色等。红、黄、蓝、黑、白五色源于道家五行学说，被古人视为吉利祥瑞的"正色"。道教发祥地在四川，因而受道家思想的影响，这些颜色在川作家具中被广泛地运用。川作家具装饰图案的设色形式主要是运用这几种颜色作组合搭配。

此外，值得一提的是，川作家具上的髹画装饰，其描绘纹饰有一个独特之处，就是在通体素髹的基础上，只在重点部位作局部彩漆描绘。这样使整个装饰图案具有层次感和意境，如同水墨画中的"留白"效果。

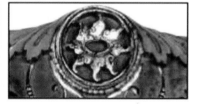

图6-10　髹画设色

图6-11　素髹基础上的髹画工艺

二、上蜡工艺

除大漆外还有烫蜡工艺，传统做法是用川蜡和蜜蜡根据不同季节的温、湿度差别，调配不同的配方，制成腊膏，即按照一定比例将石蜡、蜂蜡和松香调合成所需标准的混合蜡。一般地讲，要得到粗犷的蜡纹，松香和石蜡成分可增加一些；要得到细密的蜡纹，则蜂蜡的成分可适当多些。上蜡时，先把蜡滴在木材表面，再用木炭火的合适的热度使其化开，慢慢渗入木材，待蜡凉后把多余的蜡质擦拭掉。

川作家具上蜡工艺的步骤一般如下：

（1）将蜂蜡放入耐热的容器中加热，使凝固的蜂蜡融化成容易流动的液体状。

（2）用猪毛鬃刷将蜂蜡液体匀称地刷在家具表面上。

（3）用木炭火加热，靠近家具表面。加热过程中要不停地移动，这样蜡能化开渗入木材里层，又不致烤焦木材纤维。这一步比较关键，加热时不可操之过急，不可加热过猛。加热时间会比较长，这样才能使蜡质逐渐又充分地渗透到木材内层。

（4）用蜡铲子将家具表面多余的浮蜡铲除，直到用手摸上去，感觉光滑，不粘手。

（5）用棉布用力反复擦拭，直至能擦出细腻的光泽。

一般烫蜡不是一遍就完成的，而是需要过一段时间重新烫蜡一次，只是后面的烫蜡过程用蜡的量比较少。这样可以使得木材表面吃蜡较足，形成一层较好的保护膜。

家具烫蜡时，家具的背面不用烫蜡，这样可以让木材的内表面和空气自由交换水分，在不同的季节，能够达到干湿平衡。

三、木雕工艺

1. 四川传统木雕工具

俗话说"三分手艺七分家什"，古代的匠人对自己赖以生存的手工工具怀有特殊的感情，日常非常爱惜和保护。自己的一套工具还带有某种象征性意义，当师傅把自己的工具交给徒弟时，意味着地位和身份的传承，也就是今后徒弟完全可以代替自己，可见工具对于其意义有多重大。

雕刻工具的种类有很多，按使用功能可大致分为两类。一类是毛坯刀，主要制作出大体的雏形；一类是修光刀，用于细致的精雕细作。传统木雕刀具样式有数百种之多，一般木匠都会制备几十件常用的刀具。这些刀具安刃口的形状大致可分圆刀、平刀、斜刀、三角刀。圆刀刃口呈圆弧形，圆弧形又有不同的弧度以符合不同的使用需要。平刀刃口平直，主要铲平木料表面以使其光滑平整。斜刀刃口呈45度左右的倾角，一般用于细部的修光。三角刀刃口呈三角形，中点特别锋利，非常利于刻线，刻线时木屑能顺利地从三角形斜面吐出。

图6-12 四川民间雕刻常用工具

2. 川作座椅中常见的雕刻种类及其特征

（1）阴雕技法

阴雕又称"沉雕"。是指凹下去雕刻的一种手法，正好与浮雕相反。阴雕主要由表面的负空间组成图案，工匠艺人以刀代笔，意在笔先，以明快的刀法雕出阴纹图像。它构图洗练，以简胜繁，类似国画写意，潇洒而又大方，艺术趣味盎然。这种雕刻技法在川作家具中，通常用在经过上色髹漆后的家具上，这样所雕刻出来的装饰图案能产生一种漆色与木色反差较大、近似中国画的艺术效果，富有意味。

阴雕技法一般出现在川作箱、橱、柜等家具的面板或挡板，因为面板出于装饰性和封闭性的需要，其厚度一般较薄，更适合阴雕。四川地区座椅的阴雕一般以荷花、梅花等花卉为题材。

图 6-13　阴雕图案

（2）线刻技法

在川作家具中，还有一种比较独特而常见的雕刻技法——线刻。线刻为三角刀靠工匠中指的推动，在木材表面刻画出道道线条，给人以一种清新淡雅的感觉。木雕中的线刻来源于汉代的画像石和画像砖雕刻艺术，在四川岷江流域曾诞生了中国画像石和画像砖线刻艺术的巅峰，极大地影响了四川地区雕刻艺术后来的发展。在川作家具中可以看到大量线刻装饰技法的运用，有的是整幅图采用线刻而成，线条简练流畅，形象概括生动；还有的是作

为辅助装饰技法运用在浅浮雕装饰图案中，以线面结合的方式，在物象大的体面上以线条刻画细部，从而加强了装饰图案的生动性表现。川作家具的线刻图案主要以桂花、兰花等一些流畅的植物纹样为雕刻题材。

（3）浮雕技法

浮雕即为在木材平面上雕出凹凸起伏的图案，凸起部分为图。传统家具浮雕中的构图和中国传统绘画相似，采用散点透视，这样利于细节的刻画与表达。浮雕在传统家具中应用最多，川作家具也最普遍。雕刻的部位通常为椅子的背板、牙条、牙板、牙子等，因这些部位为平面，利于二维浮雕的刻画。浮雕不仅给人以美观的视觉审美艺术效果，同时还给人以触摸的质感。

浮雕分为高浮雕和浅浮雕。

高浮雕图案起位较高，较厚，形体压缩程度小，立体感强。高浮雕主要体现出庄重、浑厚之感。高浮雕对材料的客观条件要求很高，首先是韧性，材料必须有一定的强度，在高起浮雕时能耐住使用时的善意冲击，所以高浮雕的家具大都是硬木家具。明清时期由于黄花梨、紫檀等硬木的大量应

图 6-14　线刻"桂花茉莉"图案

用，出现了一些对木材强度要求高的雕刻技艺，如"穿枝过梗""过桥"等复杂的技艺，使得雕刻图案层次性更强。在川作家具中，高浮雕在架子床的花罩及床楣中运用极多，通过浮雕底层到浮雕最高面的形象之间互相重叠、上下穿插，具有深远和丰满的优点。

在四川地区，川作家具用料大都就地取材——以楠木、柏木、杉木、樟木等为主，所以川作家具

的浮雕装饰图案绝大多数是浅浮雕。浅浮雕起位较低，表达效果近似于绘画，依靠线条与面的组合来表现，空间层次性较弱。浅浮雕以流畅的线条和光洁的块面表达出如轻音乐般的情调。浅浮雕在明清时期发展出一种称为"蚂蟥工"的技艺，因其浅浮雕的凸起部分呈半圆状，形似蚂蟥爬行于木器表面。四川民间传统座椅中的靠背板通常为浮雕样式，题材多样，表现丰富。

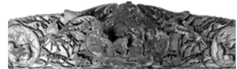

图 6-15　高浮雕

图 6-16　浅浮雕

浮雕又可分为起地浮雕与铲地浮雕。

起地浮雕是整个图案以家具的面为基础，从面下挖空，然后雕刻出图案，使之产生立体感。这种雕刻是嵌入式的，印章一般都是用这种雕刻方式。

铲地浮雕，又叫半槽地，是一种露光地的浮雕。铲地浮雕是将图案之外的底子全部铲平，使图案或线条凸现出来。与起地浮雕法相比，铲地浮雕好像

是从家具的面上拔地而起，突现在眼前，很具有立体感。并且铲地浮雕使画面栩栩如生，显示出主人的贵气，这也是宫廷家具多使用铲地浮雕的原因。

在川作家具装饰图案中，铲地浮雕的使用较少，原因有二。第一，铲地浮雕较强的立体感是以浪费木材为代价的。因为铲地浮雕是只露出图案，需要铲平其他部分多余的材料，而铲出的材料几乎都已经是碎

末，根本无法再制作其他小件，所以相对起地浮雕更费料。第二，同样的图案，采用铲地浮雕要多用几倍的工时。因为铲地浮雕要保证底子面的平整，而在铲平底子的同时又不能损坏图案部分的雕刻，所以对工匠的要求更高，更耗费工时。民间家具制作不像宫廷可以不计较工时，也不惜料，只求最为豪华富贵。

图6-17 起地浮雕　　　　图6-18 铲地浮雕

浮雕底面可以处理为"平地"与"锦地"，川作家具上的浮雕图案底面大多数为平地。因为平地比锦地制作简单，更省工时，符合民间家具对经济实用性的要求。锦地浮雕在川作家具中非常少见，即使有，也是出现在为数不多的一些用料贵重、整体做工比较考究的家具中，而且通常只是小面积的锦地浮雕，其锦地纹样一般为万字纹、菱形纹等。

图6-19 卍字锦地纹

（4）镂雕技法

透雕亦称镂雕，即在浮雕基础上，镂空其背景部分，从而产生一种变化多端的负空间，并使负空间与正空间的轮廓线有一种相互转换的节奏，具有玲珑剔透、虚实相间的艺术美感。

透雕又有单面透雕和双面透雕之分。单面透雕通常只在正面雕花，背面不雕；双面透雕则正背两面都雕花。这主要是由雕花部分是否两面都看到来决定的。例如在川作家具中的桌案牙条，其透雕背面不为人见，故只有正面雕花。椅子靠背和梳妆台镜子两侧的花板也往往如此，因为椅子和梳妆台多靠墙放置。此外，床挂檐和门围子虽然背面不靠墙，但是其主要的看面是正面，所以通常也采用单面透雕，这也是川作家具注重实用性的一个体现。而屏架类家具——如衣架及座屏风的角牙和绦环板等，两面都外露，故正背两面一般都雕花。可见川作家具并未一味地追求经济实用性，而是在兼顾美观与实用的基础上，针对不同家具品类的不同特性，合理地选择雕刻形式。因为通常两面透雕只在为数不多的衣架及座屏风上运用，而单面透雕运用范围要广得多，所以总体上来说，川

图6-20 镂雕梅花图案

图6-21 四川卧房家具上的透雕

作家具中的透雕以单面透雕为多数。

透雕是川西传统卧房家具中使用频率仅次于浮雕的一种雕刻装饰技法。在架子床、脸盆架、梳妆台上均较常出现。尤其是在架子床的花罩上，因用材宽大，是透雕施展的绝佳场合。透雕不仅使图案显得有立体感、轻松明快，而且和浮雕技法相结合，能很好地达到繁丽雍容的风格。

此外，透雕与浮雕二者经常结合起来运用于川作家具装饰图案中。透雕与浮雕结合起来，二者优点交相辉映，相得益彰，图6-21也是透雕与浮雕相结合的例子。透雕加浮雕相结合使得家具纹饰丰满，尤其双面雕，在平板上追求圆雕的效果。有些板材并不厚重，由于使用了透雕加浮雕的手法，使纹饰圆润，视觉感觉立刻变得丰厚。当地工匠利用

视差，在保证家具造型美观的同时又节省了材料。

（5）曲面浮雕技法

在大量的川作家具的雕刻手法中，有一种雕刻特征经常出现，就是在木材表面上用刀剔出一种凹陷的曲面，曲面的边缘凸起，呈阳线。这种雕刻手法有如在软的泥坯上用手挤压出来一般，十分流畅自如。此种曲面常见的为灵芝云纹、圆形、古磬形。灵芝云纹一般位于画面的边缘角落，起装饰填充空白之用。圆形和古磬形通常位于画面的正中显要部位，内部以凹陷的曲面为底，雕各种吉祥图案。

一般雕刻图案的底是平的，而四川出现了曲形的图案底面，因而在文中特别强调一下，国内其他地区是否有类似的雕刻手法还有待考察。

图6-22 圆形曲面浮雕

图6-23 四川民居建筑上雀替的曲面雕刻

（6）圆雕技法

所谓圆雕就是指非压缩的、完全立体的雕刻，其四面八方都要雕刻出具体的形象来。它实际上是一种可以多方位、多角度欣赏的三维立体雕塑。它的形态随着观看视线的移动而不断变更，每个角度皆具备完美的形式感。

川作家具上的圆雕装饰图案，通常只用于家具局部，如端头、腿足、柱头等部位。而其内容则多采用人物、动物、植物等题材，因为较之几何纹、文字纹等平面化的图案，人物纹和动植物纹具有丰满立体的形象，更适于圆雕。

图 6-24　圆雕

四、攒接工艺

攒接与斗簇，是花饰的一种构成方法，根据图案的曲直与繁简来施艺。一般来说，简单的直线型纹样多采用攒接方法，而较为繁杂的流动型曲线图案纹样，以及一些装饰性很强的透空图案则多采用斗簇方法。

在川作家具装饰图案中，通常只有攒接，几乎没有斗簇。因为斗簇是把锼镂出的小型单元花板，用榫卯斗拼在一起，形成各种纹样。这是相当费工时的一项装饰技法，虽然能达到很精致的效果，但对民间家具而言，这种程度的精致并不是必需的。民间家具更注重实用性，对于家具上较为繁杂的流动型曲线图案纹样，以及一些装饰性很强的透空图案——如四簇云纹，当地的工匠艺人通常采用透雕来代替斗簇。所以，在川作家具中极少使用斗簇这种装饰技法。

"攒接"是北方工匠的术语，南方工匠称作"兜料"。"攒"，即用攒接的方法造成的牙子或牙头叫"攒牙子"和"攒牙头"，有别于用锼挖方法制作的"挖牙子"和"挖牙头"（也称为"锼牙头"）。"攒"字之后再加上一个"接"字，是为使其意义更为明显而增添的。所谓"攒接"，就是用纵横斜直的短材，以榫卯衔接交搭起来，组成各种装饰图案。

在川作家具中，这种装饰技法也较常用，一般用于床身围栏、榻身后背及左右设置的靠栏、橱柜的亮格、面盆架的腿间花枨以及桌子的牙子和踏脚的花板等部位。川作家具的使用者大部分是当地的普通老百姓，其制作成本是工匠们必然会考虑的因素，他们会尽可能充分合理地利用小料。

在川作家具中，通过攒接工艺构成的装饰图案有万字纹、十字纹、田字格、回纹、菱形纹、六角纹等，它们有的是由单纯的图形反复构成，有的是以单独纹样组成二方连续、四方连续等形式。这些攒接装饰图案，形式简洁明快，格调疏密有致、清雅醒目。

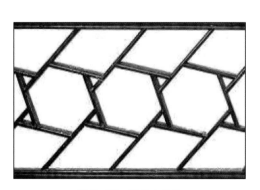

图 6-25　攒接六角纹

五、镶嵌工艺

镶，是贴在表面；嵌，是夹在中间。镶嵌装饰技法在川作家具中运用比较多的是在座椅靠背或橱柜面板，以及床挂檐、门围子等处，镶嵌物主要有纹理美丽的木板、大理石，以及绘有图案的陶瓷片。其中，最常见的是大理石镶嵌，其形状多种多样，有圆形、椭圆形、方形、戟形、花瓶型等。

图6-26　大理石镶嵌

图6-27　陶瓷镶嵌

六、地域特色

川作家具装饰技法主要有雕刻、髹漆、攒接和镶嵌，其中雕刻和髹漆是最常用的两种。而雕刻又分很多种：浮雕、曲面浮雕、透雕、圆雕、阴雕和线刻。在这些雕刻装饰技法中，以浮雕和透雕运用最多；曲面浮雕和线刻是川作家具中独特而常见的装饰技法；阴雕虽然在其他地域家具中不太常见，但在川作家具中却运用不少。

四川是古代漆器的主要产地之一，盛产生漆和朱砂——制作漆器的主要原料，因而在川作家具中大量运用髹漆装饰技法。其中又以素髹装饰和髹画装饰为最常见，广泛地运用于各类家具的各个部位装饰上。

攒接和镶嵌也是川作家具中较常用的装饰技法，有其各自的装饰特点和特色。川作家具在装饰技法的选择上，因为受到民间家具注重经济实用性特点的影响而出现了与中国传统家具装饰技法运用特点的诸多不同之处。同时，其也并未一味地追求经济实用性，而是兼顾实用与美观，针对不同家具品类及其不同部位的特性，合理地选择装饰技法。

参考文献

[1] 陈星生.井盐文化与自贡的城市精神[J].四川理工学院学报（社会科学版），2006，(5)：5~7.

[2] 罗开玉.论都江堰与"天府之国"的关系[J].成都大学报（社科版），2011，(6)：53~54.

[3] 雷晓鹏.论四川道教文化资源的深度开发[J].四川行政学院学报成都大学报，2009，(2)：67.

[4] 佛教在四川[EB/OL].(2011-06-15)[2012-03-15]. http://sc. city. ifeng. com/culture/sichuanlishi/detail_2011_06/30/50856_0. shtml.

[5] 李畅.扬弃·魅力·成就——郭沫若历史剧与儒家文化[J].四川戏剧，2011，(3)：52.

[6] 邓卫中.基督教对近代四川的影响[J].社会科学研究，1999，(1)：100~103.

[7] 孙晓芬.清代前期的移民填四川[M].成都：四川大学出版社，1997.

[8] 陈于书.家具史[M].北京：中国轻工业出版社，2009.

[9] 吕建华.川西民间家具研究[D].长沙：中南林业科技大学，2010.05.

[10] 余肖红.明清家具雕刻装饰图案现代应用的研究[D].北京：北京林业大学，2006.12.

[11] 张重.山西民间家具的研究[D].北京：北京林业大学，2005.

[12] 郑银河，郑荔冰.吉祥系列纹样·吉祥龙[M].福州：福建美术出版社.2005：10~11，45，70~73.

[13] 李萍，张智艳.中国传统鹿纹的演变及其吉祥寓意分析[J].郑州轻工业学院学报，2008，(2)：13.

[14] 马昌仪.古本山海经图说[M].济南：山东画报出版社，2001：155.

[15] Lo，K. Y. *Classical and Vernacular Chinese furniture in the living environment*[M].香港：雍明堂，1998.

[16] 申敬燮，祁庆富.中日韩鹤崇尚及吉祥纹样[J].民族艺术，1998，(2)：132.

[17] 祁庆富.日本的鹤纹样 [J].商业文化,1998,(5):53.

[18] Cotton B. D. *Scottish Vernacular Furniture*[M]. U. K.:Thames & Hudson,2008.

[19] 陈涛.吉祥文化下的蝙蝠图案研究及符号化解读 [D].重庆 2008:18~22.

[20] 译者郭豫斌.自然图书馆(彩图版第六辑——鸟与昆虫篇)[M].北京:北京少年儿童出版社,2004. 8.

[21] 田自秉,吴淑生,田青.中国纹样史 [M].北京:高等教育出版社,2003:226,407~408.

[22] MOELLER, J. & L. SAUER. *Art in Life: Discovery of Historic Regional Furniture in China*[M]. Chicago:Art Media Resources Ltd,2005.

[23] 郑军,魏峰.中国吉祥图案艺术 [M].北京:人民美术出版社,2011:33,158.

[24] 许道丰.中华民俗吉祥图 [M].北京:气象出版社,1999:158.

[25] Berliner, N. & S. Handler. *Friends of the House: Furniture from China's Towns and Villages*[M]. New England:Peabody Essex Museum,1996.

[26] 阎艳."菊"的文化意义初探 [J].河北大学学报(哲学社会科学版),2003,(3):130~132.

[27] 李典.中国传统吉祥图典 [M].北京:京华出版社,2006. 166.

[28] 居康.西番莲纹——中西方艺术交流的结晶 [J].上海工艺美术,2002,(1):14.

[29] 戴婷婷.冷落清秋独拒霜——趣谈木芙蓉 [J].审计月刊,2004,(10):4.

[30] 吕建华,刘文金.川西民间家具初探 [J].家具与室内装饰,2010,(4):19.

[31] 孙英丽.解析中国传统吉祥符号——葫芦纹 [J].大众文艺(理论),2009,(19):81.

[32] 姜维群.民国家具鉴赏与收藏 [M].天津:百花文艺出版社,2004:84.

[33] Leslie Pina. Furniture in History 家具史(吴智慧,吕九芳编译)[M].北京:中国林业出版社,2008.

[34] 邹宇.传统暗八仙图案的文化内涵与装饰功能 [J].现代装饰（理论），2011，（4）：21.

[35] 徐长春.中国古铜币形式意蕴在平面设计中的表达 [J].作家，2012，（2）：253~254.

[36] 汪冲云，占昌赣.博古文气 久愈弥香——明清瓷器博古纹装饰 [J].陶瓷研究，2009，
（3）：24.

[37] 王晟.中华吉祥图案趣谈 [M].北京：金盾出版社，2008：15.

[38] 王定欧.川剧的民间性与艺术生命的传承 [J].四川戏剧，2009，（1）：11.

[39] 郑军，华慧.中国历代几何纹饰艺术 [M].北京：人民美术出版社，2008.

[40] 徐丽慧，郑军.中国历代云纹纹饰艺术 [M].北京：人民美术出版社，2010.

[41] 杨勇波.明清时期"喜相逢"纹样艺术符号研究 [D].湖南：湖南工业大学，2010：16.

[42] 吕九芳.中国古典家具吉祥图案 [J].装饰，2005，（10）：59~60.

[43] 张夫也，孙建军.传统工艺之旅 [M].沈阳：辽宁美术出版社，2001：71.

[44] 陆跃升.试论巴蜀文化繁荣的历史原因 [J].文史杂辑，2011，（5）：161.

[45] 刘致平.中国居住建筑简史（附四川住宅建筑）[M].北京：中国建筑工业出版社，1990.

[46] 张飞龙.中国髹漆工艺溯源 [J].中国生漆，2008，（1）：22~24.

[47] 郑春兴.中国古典家具宝典 [M].内蒙古：内蒙古人民出版社，2005：151.

[48] 董伯信.中国古代家具纵览 [M].安徽：安徽科学技术出版社，2005：335.

[49] 李雨红，于伸.中外家具发展史 [M].哈尔滨：东北林业大学出版社，2000.

[50] 张坤领，王晓峰.反求工程与产品测绘 [J].河北建筑工程学院学报.2007.25（4）：73.

[51] 刘燕，宋方昊.设计美学 [M].武汉：湖北美术出版社，2009.

[52] 郑伟.新中式家具造型设计影响因素分析 [J].家具与室内装饰，2011（06）：11~13.

[53] 马朝民，苏丽萍.民族经典元素在中式现代家具设计中的应用方法探析 [J].美与时代，
2011（01）：68~70.

[54] 彭红，陆步云 . 设计制图 [M]. 北京：中国林业出版社，2003. 25~28.

[55] 白成军 . 三维激光扫描技术在古建筑测绘中的应用 [D]. 天津：天津大学，2007. 7~10.

[56] 映林 . 反求工程 CAD 建模理论、方法和系统 [M]. 北京：机械工业出版社，2005.

[57] 吕九芳，王加祎 . 川西民间座椅类古旧家具的品种和用材 [J]. 家具与室内装饰 . 2010. 10.

[58] 吕九芳，刘园媛，王加祎 . 四川传统民间家具装饰图案的地域特色研究 [J]. 家具与室内装饰 . 2012. 10

[59] 陆跃升 . 试论巴蜀文化繁荣的历史原因 [J]. 文史杂辑，2011，（5）：161.

[60] 李昭和 . 战国秦汉时期的巴蜀髹漆工艺 [J]. 四川文物，2004.

后记

长期以来，人们似乎只知道也只关注中国明清宫廷家具，而对中国民间传统家具的研究寥寥无几。然而，"一个失去传统文化根基的民族，是一个肤浅的民族；一个失去历史遗存和记忆的城市，是一个令人悲哀的城市"。川作家具作为中国民间家具的一个分支，具有鲜明的四川地域特色，是不同时代四川传统文化延续的载体。尽管在四川，收购古家具已形成一定的气候，但主要还是一些个人收藏爱好者在收藏。由于物力和财力的限制，被收藏来的各式家具如太师椅、梳妆台、大床、条案、春凳、神台等虽然陈列有序，古韵悠然，但还是蓬头垢面，尘埃满身，没有得到应有的照料与呵护。此外，由于四川不出产名贵木材，国家博物馆又不收民间杂木家具，故收集整理和修复保护民间古旧家具的力量也就非常薄弱，再加上目前我国建设社会主义新农村政策的推广，这些老民宅、老家具如果在建设中不去有意识地加以保护，祖宗留下来的宝贵遗产很快就会销声匿迹，毁坏殆尽。

通过文献调研，目前对民间地域性家具的研究如山西的"晋作"家具、山东的"鲁作"家具，都有相关研究人员在此领域进行了一定的专题论述，但对川作家具研究的著述几乎没有查到任何线索，这也是我们决定对其进行专门研究的一个直接原因。研究工作的展开，对四川民间珍贵的古旧家具遗产进行收集、整理，研究其品种、造型、结构、纹饰、材质树种，以及文物价值等，并编制川作古旧家具历史档案，挖掘家具背后深层次的社会文化内涵，是抢救和保护四川非物质文化遗产、继承创新的一个重要举措。

经过十年的艰苦努力，本专著终于完成，即将付梓，它是南京林业大学和四川国际标榜职业学院师生组成的课题团队共同的研究成果。南京林业大学拥有国家级重点学科"木材科学与技术"和全国唯一的"家具设计与工程"博士点学科；四川国际标榜职业学院在阎红院长的带领下，在全国率先创建了古旧家具修复与保护专业并建有川西古典家具博物馆，这些都为川作家具研究工作的顺利开展提供了坚实的研究基础。川作家具历史悠久，文化内涵丰富，涉及的研究领域众多，由于作者学识的浅薄和学术视野的局限，书中纰漏在所难免，敬请专家和读者提出宝贵建议。希望本课题的研究成果能对川作家具的传承和保护起到抛砖引玉的促进作用，吸引更多的同行来关注和加盟我们的研究团队，共同为中国民间传统家具的传承与发展做出积极的贡献。

在研究过程中，非常感谢四川国际标榜职业学院阎红院长和南京林业大学家居与工业设计学院吴智慧院长给予的大力支持与帮助。此外，南京林业大学家居与工业设计学院的研究生刘园媛、陈萍、张梅、王慧、葛林毅、张中华、高婷、田霖霞和四川国际标榜职业学院的张晓霞副院长、方桃教授以及郭颖艳、毛茅、张林、李睿、孙作理等青年教师在川作家具的实地拍摄、测绘以及后期的材料整理中都付出了大量艰辛的劳动，在此一并表示感谢！

吕九芳　王加祎

2017 年 6 月 20 日于南京林业大学